優渥叢書

麥肯錫·史丹佛都在用的

筆記

復刻版

活用*16*圖表，工作效率提升*3*倍！

はじめてのフレームワーク一年生

松島準矢◎著／吉山勇樹◎監修

黃瓊仙◎譯

目錄
CONTENTS

第3章 同事準時下班，而自己卻天天加班？ 095

目錄
CONTENTS

第5章

被逼著提案，但就是想不出獨特的點子 159

目錄
CONTENTS

推薦序

好的思考方法，不僅是經驗值的累積，更應有嚴謹的理論依據

卓群顧問有限公司總經理　陳其華

初入社會或剛創業的的年輕人，往往缺乏實務經驗，就算擁有高學歷，卻因為不懂方法，導致工作效益不佳。對於沒做過或沒經歷過的事情，便往往不知如何開始，有效提高工作生產力，並達成目標成果。

這個問題不單單發生在年輕人身上，不少已在職場工作超過多年的老鳥，也因為思考能力不足，面臨發展受阻或轉型困難等問題。好的思考方法不只是多年經驗值的累積與整理，更應有嚴謹的理論依據。

在多年的專業顧問生涯中，我輔導培訓過許多不同的行業，更擔任政府不少部

會的專家與顧問。深究起來，除了豐富的實戰經驗外，更重要的是我擁有跨領域與行業都適用的思考方法。

這些思考方法看似基本且簡單，一旦你會活用，就能無招勝有招，商業江湖任你行。

思考方法是一種有效的思考程序或架構，在商業經營上的價值很高。在面對一個問題或事情時，你可以從異中求同的歸納角度思考，也可以從同中求異的演繹觀點來看。

本書的作者完整介紹MECE思考模式、邏輯樹、SWOT、3C與4P分析法等多種知名的思考方法，讓你能輕易改善工作狀況，有效提升工作績效。

但是，不管在任何情況下，當運用思考方法時，別忽略所有問題的核心都圍繞在「人」這個元素上。

人性多變、感性大於理性、喜歡群聚或跟隨主流等，這些沒有對錯，都是人的本性。你必須先學會觀察且接受人性，進而善用人性。請千萬謹記：「萬事沒有絕對。」萬事隨時在變，隨著物換星移，人、事、物都隨時在變。唯一不變的，就是變。

本書以公式、圖表、流程與架構等方式，介紹面對不同問題與情境時，快速有效且經過驗證的思考方法。對於書中介紹的每個思考方法，除了閱讀理解外，你需要在日常實務中靈活運用，累積豐富的實戰經驗，方能提升職場戰鬥力指數。

作者序
與其憑感覺做事，不如參考大師的思考筆記

大家好，我是Hybrid諮商股份公司的松島。本書是為了幫助職場新人正確學習「思考方法」而撰寫。

「如何面面俱到把工作做好？」

「跟對方合不來時，該如何相處？」

「有話想告訴主管，但不曉得如何開口才能清楚表達想法。」

「想提出新企畫案，卻一點靈感也沒有。」

你是否面臨上述這些煩惱呢？

想要解決以上問題並闖出一番作為，必須將執行任務時的思考方式組織化及系統化。架構出思考模式以後，業務將進展得更加迅速，也不再有所遺漏。

雖然市面上已經有許多書籍介紹不同的思考方法，但實際運用時都相當費時費力。「理論」與「實用」是完全不同的領域，即使到了現在，我也對此感到棘手。因此，為了讓更多人能在職場上實際操作思考方法（理論是否完善不是重點，但絕對要能派上用場），我秉持著實用重於理論的理念撰寫此書。

我剛進入職場時，完全憑感覺做事，總是認為「我一定行！」也就是所謂的「老是會錯意的人」。工作效率高、做事俐落果斷的前輩吉山先生，雖然老是唸我：「你根本不懂」，但還是仔細教導我縝密確實的思考方法，讓我整理思緒及表達時更堅決果斷。

在本書各單元中，我將以前輩的角度，為陷入困境的年輕職員提出解決方法。實際上，本書列舉的問題都是我的親身經驗，正因為自己吃了許多苦、歷經各種艱辛，才能設身處地盡全力提出解決之道。

本書介紹的思考方式不僅特定情況可以使用，而且是進入職場前必須知道的原則。如果各位能把本書當成基礎參考書，內化成自己的思考模式並加以實踐，本人將深感榮幸。

最後藉著這個版面，向負責監修本書、於公於私都是最佳導師的吉山勇樹先生，以及從企畫至編輯階段都給予協助的明日香出版社藤田知子小姐，還有平常對我照顧有加的客戶、前輩、同儕、後輩及家人，誠心致上最深謝意。

第1章

被說報告廢話太多，該怎麼辦？

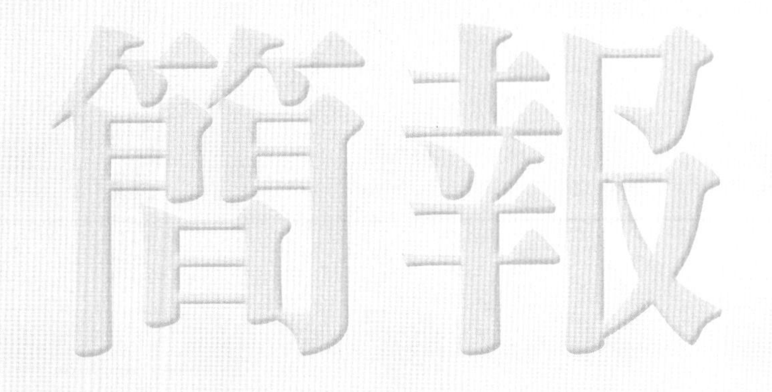

簡報高手賈伯斯，常用的聚焦思考法

情境1

花五天做了四十頁簡報，卻被主管打槍

▼聚焦於宗旨、目標、作業範圍、相關人員，才是簡報的關鍵

前幾天陪同主管拜訪新客戶，接到吩咐要製作一份品牌計畫提案報告給對方。由於跟客戶約定隔週一交資料，所以我從星期一開始就充滿鬥志，埋頭苦幹五天，完成長達四十頁的簡報，但星期五滿懷自信的交給主管審閱後，竟然被批得滿江紅，只好週末也到公司加班。

因為主管說：「就照你的想法製作報告吧！」我充滿鬥志的接下這項挑

戰，結果卻是不及格，實在太丟臉了。

真是搞砸了呢！你製作報告時，諮詢過主管嗎？

雖然主管說過：「有問題隨時可以找我」，讓我感覺踏實許多，但是說真的，實際操作時，我連要問什麼問題都不知道。

我還是新人時也常惹主管生氣，真的很難拿捏啊！如果每個問題都一一向主管確認，一定會被唸：「這種問題，自己查就可以了。」所以剛開始時，不知道如何區分哪些是真正的問題。

除了準備資料，也希望你能告訴我在準備會議或洽商諮詢時，應該事先在腦中架構什麼樣的概念或想法。

原來你想知道工作該如何著手。要與自己以外的相關人員（例如：主管、客戶等）溝通時，更需要事先整理思緒。重點有四項，以下我會詳細解說各項目的定義，讓你平時可以依據下列項目整理工作思緒。

1. 宗旨

根據這個概念思考，請問你這一次的工作宗旨為何？

讓主管肯定我的報告。

我不這麼認為。這應該是達成目標

圖表1-1　聚焦思考的4原則

① 宗旨	工作目的為何？
② 目標	該如何做才能實現目的？思考「成功的基礎為何」。
③ 作業範圍	應該做到哪些事情？
④ 相關人員	哪些人與這份工作有關聯？

的必經過程，而不是宗旨。請重新思考一次，你為什麼要製作這份報告？

目的是要提升公司的營業額。

沒錯！這次的工作宗旨不是讓主管肯定報告，而是拿到訂單，提升公司的營業額。

如果你沒有先建立這個觀念，只是一味希望受到肯定，在製作報告時，會因為顧及主管的感受，專注於報告的形式而不是客戶的想法，如此一來，等於浪費時間。再加上你會覺得這個也能用、那個也能用，而抓不到重點，很可能製作出一份客戶看不順眼的報告。

▼這次的提案宗旨是提升營業額。

2. 目標

目標指的是為了實現宗旨所採取的方法，因此要思考「成功的基礎為何」。

所以，報告內容不會只列出訂單，還必須提供此次提案內容相對應的估價金額，以及能讓公司獲利的毛利率數字。當然，在列出上述資料前，要得到主管的許可。

沒錯！簡單來說，就是為了達成宗旨，要先將非達成不可的目標圖表化。首先，要讓主管認同你的報告，再以不讓毛利率降到三〇%為基準調整估價金額，最後讓客戶願意下訂單，就能提升公司的營業額。

▼此次提案內容：①讓主管肯定報告
②毛利率三〇%

③客戶下訂單

以宗旨為出發點，整理出應該達成的目標後，會發現主管不是希望你做出多達四十頁的報告，而是應該把重點放在讓客戶願意下訂單，只要同時能確保毛利率，或許就能成功。

3. 作業範圍

作業範圍是指「應該做到的事」，如果依你的情況來看，該做到哪些事呢？根據該做的事與完成度不同，會影響提案報告內容的分量，提出的估價金額也會改變。請看二十四頁下方的圖表。

我在製作企畫書時，因為不想事後被主管或客戶說：「怎麼沒有這個資料？」、「這方面的資訊不夠詳細，這樣行得通嗎？」於是鉅細靡遺的交代所有資料，結果報告變得多達四十頁。如果一開始就跟客戶和主管確認彼此共識，了解作業範圍，或許報告內容就不會偏離主題。

▼此次提案的情況：在交貨給客戶前，能否做好宣傳效果報告書。（※上述為假設情況）

4. 相關人員

最後想想哪些人與任務有關聯，事前一定要不遺漏的聯絡相關人員。那麼，在這次的工作裡，哪些人是相關人員呢？

我、主管、對方的負責人。

圖表1-2　工作流程圖

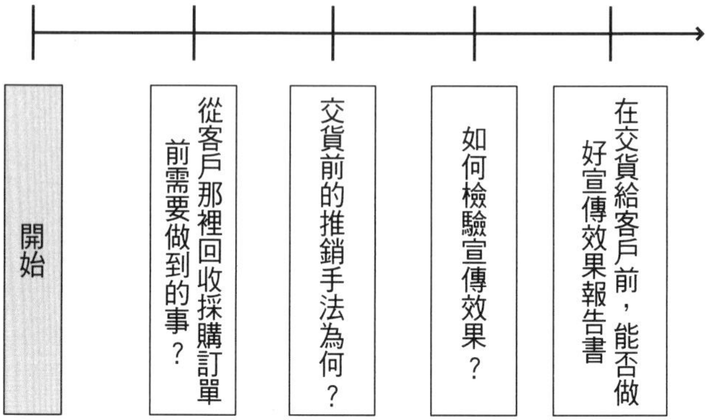

開始 → 從客戶那裡回收採購訂單前需要做到的事？ → 交貨前的推銷手法為何？ → 如何檢驗宣傳效果？ → 在交貨給客戶前，能否做好宣傳效果報告書你漏掉了對方的主管。

啊，沒錯，我還漏掉了自家公司的宣傳人員和設計師。

要靠腦子記住這些人，會覺得壓力很大，最好將想到的相關人員寫在紙上。

▼此次提案的相關人員：自己、主管、對方的負責人、對方的主管、自己公司的宣傳人員及設計師。

圖表化以後，就一目瞭然。接著，模仿連續劇的登場人物關係圖來製作圖表，整理你與每位相關人員必須溝通的內容。

原來這麼簡單，只要做成圖表，馬上就知道事前該與哪些人聯繫。以後接到工作時，尤其是遇到相關人員眾多的狀況，我一定會加以整理，將工作

圖表1-3　將工作相關人員圖表化

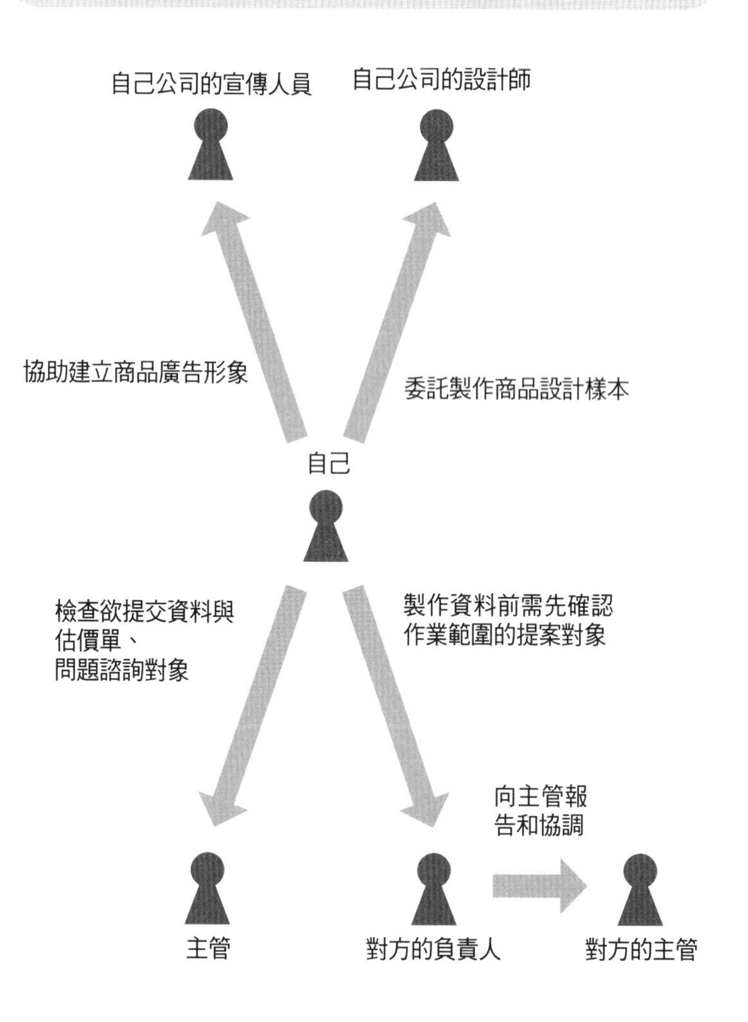

的通訊錄圖表化。

最後，我將這次案例的四項重點整理如下。當你不曉得該從何著手時，請養成審視這四項重點的工作習慣。

圖表1-4　此次提案的各項工作目標

① 宗旨	提升公司營業額
② 目標	① 讓主管肯定報告 ② 毛利率不低於三〇% ③ 讓客戶願意下訂單
③ 作業範圍	在交貨給客戶前，能否做好宣傳效果報告書？
④ 相關人員	自己、主管、對方的負責人、對方的主管、自己公司的宣傳人員及設計師

重點筆記

賈伯斯是電腦公司創辦人，在規畫簡報時使用的卻是最原始的工具——紙和筆，他認為製作簡報時，應該把大部分時間花在思考及草擬，在準備階段就要聚焦思考，製作投影片的時間則要最短。我們一般工作者也一樣，在製作簡報前，若能先聚焦思考，確立宗旨、目標、作業範圍及相關人員四項重點，不僅能避免分心與思考混亂，成果也會越具體。

※編輯部補充

NOTE

我還是找不到開場白那張簡報的小抄……
你說給你十分鐘，結果客戶都走了！你在搞什麼鬼？

諮詢前，最好整理說話內容的五個重點

情境2

諮詢主管時老是被說：「你怎麼講得落落長？我完全聽不懂。」

▼你最好帶著答案去諮詢，而不是希望主管給答案

我會將想諮詢主管的事項記下來，打算趁他有空時重點報告，但每次一開口就失敗，老是被說：「你到底想說什麼？我完全聽不懂。」

最近想向主管諮商什麼事呢？

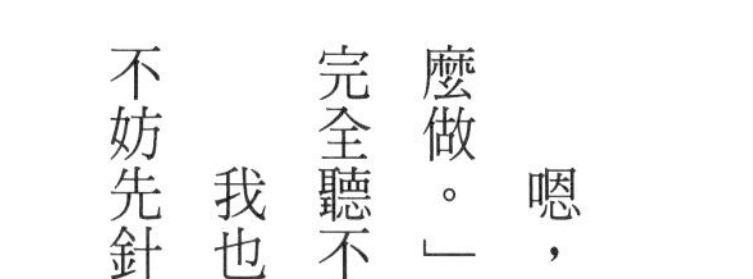

我向承辦的A公司提出估價報告時，因為同時有其他公司競標，A公司的承辦人對我說：「你們公司的估價金額偏高……」，我不確定該如何處理，想諮詢主管的意見。

嗯，我想主管原本是想對你說：「不要亮出所有底牌，你自己好好想一下該怎麼做。」結果卻變成了「你到底想說什麼？我完全聽不懂。」

我也常被主管這麼說。我想，解決問題前不妨先針對「諮詢」這個名詞重新定義吧！

諮詢的定義？我從未想過這個問題。

諮詢是為了解決問題而詢問他人意見，希望可以加快解決問題的速度或想出更多對策，

① 應該諮詢的訊息？

② 自己對於詢問的事有何想法？

③ 內容為何？諮詢後的下一步該做什麼？

④ 預定佔用對方多少時間？

⑤ 諮詢的時機？

也就是將其他人當成借鏡，整理出自己應做的事項。

1. 應該諮詢的訊息？

首先好好思考，將這些資訊告知其他人就能加快解決速度嗎？是否自己就能夠解決問題？

在你詢問主管「客戶要求降價，該如何因應才好？」前，務必先整理好自己的思緒，釐清自己是原本就想降價才找主管商量？還是想降價，但不曉得該如何向對方說明費用內容，才找主管商量？想諮詢的理由和背景因素一定要事先整理好。

2. 對於要詢問的事，你自己有何想法？

再來問自己，對於詢問的問題，是否已經事先想好因應對策。主張就算降價也希望能接到訂單？或者堅持不降價，以合理的理由說服客戶呢？

如果你只告訴主管：「因為客戶說要降價，我想降價。」對方自然就會回說：「你只會照客戶指示辦事嗎？」

3. 內容為何？諮詢後的下一步該做什麼？

想把諮詢內容整理得簡潔扼要，不妨多加利用「封閉式問題」（Closed Question）方式。

封閉式問題就是讓對方直接回答「A」或「B」，抑或是「YES」或「NO」的問題，可以減少思考範圍，加快對方的決定速度。如果你告訴主管：「我不想讓毛利率變少，但是如果談成這次交易，我預計這位客戶有可能成為常客，以後還會繼續下訂，因此，報價比估價少五%可以嗎？」當他有焦點可依循，會比較願意跟你討論這個問題。

此外，諮詢過後下一步該做什麼，也要事先想清楚。

因為客戶也在等你的答案，在詢問主管時，也要先準備好公司對外的說詞。（告訴客戶：「一般說來是不能降價的，但因為第一次與貴公司交易，所以這次才特別降價。」）

我有A方案與B方案，
課長你覺得哪個好？

封閉式問題

先想好選項，讓對方容易做出決定。

課長！
該如何做才好？
可以請你給我建議嗎？

開放式問題

將選擇權全部丟給對方，這不是在詢問，而是在卸責。

4. 預定佔用對方多少時間？

接下來，請在提問前先想好會佔用主管多少時間，是五分鐘？還是十分鐘？主管也有自己的工作，因此，在諮詢前先詢問對方：「可以佔用你五分鐘時間嗎？」對方可以馬上判斷時間是否許可，回答你：「現在沒空，過半小時後再來找我。」或「現在可以。」

5. 諮詢的時機？

關於諮詢時機，一定要活用「提問中的提問」方式。如果突然問對方說：「現在有空嗎？」對方心裡一定會想：「等一下再說，我現在也有工作要做。」

所以，最好說：「待會想跟你討論A公司的估價調整問題，可以佔用你五分鐘嗎？」如此一來，主管便會做出「趁A工作與B工作的空檔讓你提問」的決定，撥空讓你諮詢了。

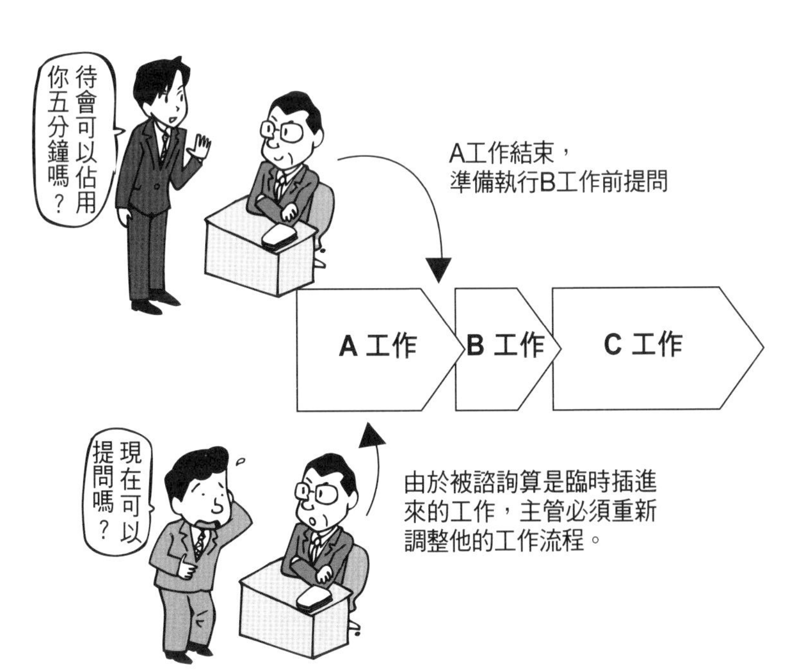

原來如此。

我過去可能是像蜘蛛緊緊抓住蜘蛛網一樣，過度依賴主管了。當我得知自己負責籌辦新人研習活動時，也曾思考過該如何跟其他相關人員溝通，可是一旦投入工作，就變得自我本位，只顧自己的感受。真的很難拿捏啊！

最後就根據上述五個項目，大致整理一下你的諮詢內容吧？

圖表2　諮詢內容5重點

① 應該諮詢的訊息？	為了向客戶報價，必須得到主管的認可，所以需要諮詢主管。
② 對於詢問的事自己有何想法？	得到主管降價五%的許可，客戶願意下訂單就算成功了。
③ 內容為何？諮詢後的下一步該做什麼？	請主管審閱估價。得到許可後，馬上將修改過的估價單傳達給客戶。
④ 預定佔用對方多少時間？	五分鐘以內結束。
⑤ 諮詢的時機？	先確認主管的工作行程，再安排諮詢時間。

我會如右圖這麼做。這個方法不限於諮詢，與人溝通時也能使用呢！

對啊。這個架構雖然稱不上縝密，但重點在於向對方諮詢前，如果沒有確實整理好自己的意圖和內容，並且抓對時機發問，對方也只好像在沒有戴上手套的情況下，硬接下你投出的這顆快速球。

因此，在與人共事的情況下，一定要養成遵循這五個重點的習慣，先整理好自己的思緒及想要傳達的事。

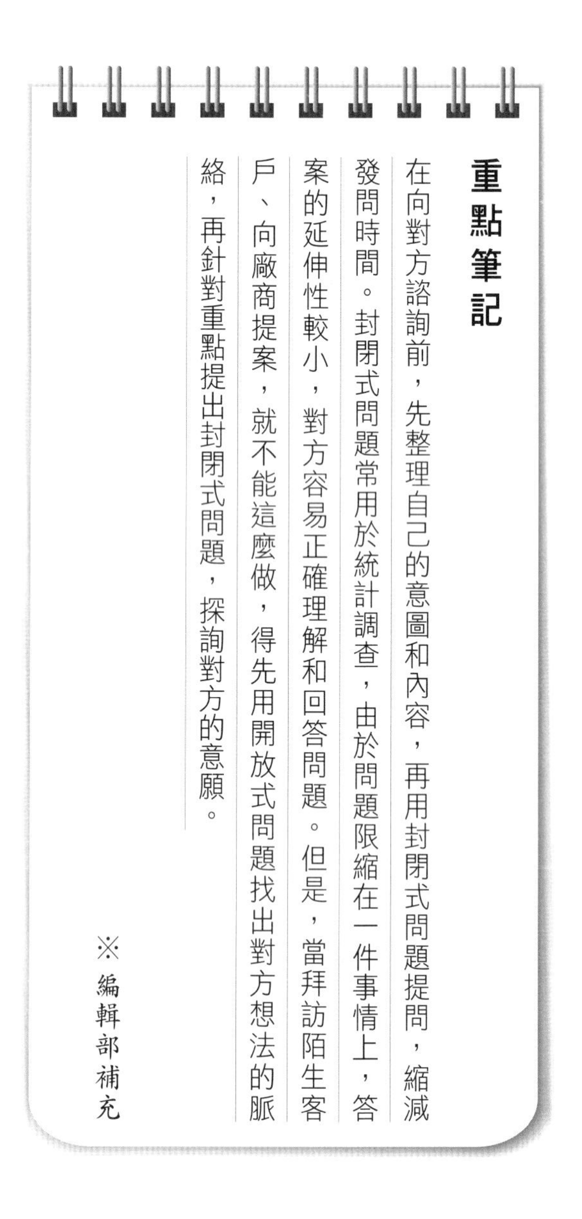

重點筆記

在向對方諮詢前，先整理自己的意圖和內容，再用封閉式問題提問，縮減發問時間。封閉式問題常用於統計調查，由於問題限縮在一件事情上，答案的延伸性較小，對方容易正確理解和回答問題。但是，當拜訪陌生客戶、向廠商提案，就不能這麼做，得先用開放式問題找出對方想法的脈絡，再針對重點提出封閉式問題，探詢對方的意願。

※編輯部補充

NOTE

麥肯錫的邏輯樹思考法，一分鐘完整表達

情境3

主管很忙，該怎麼用一分鐘報告完畢

▼用邏輯樹圖表，把重點的優先順序整理出來

我的主管總是非常忙碌，一直無法向他口頭諮商或報告。只能利用他走進會議室前的空檔時間，或準備外出到辦公室玄關的短短路程搶著向他報告。

我以前上班的那間公司也是同樣的情況。

當我看到主管回到辦公室，就會想到「今天負責的案子很受歡迎，先跟主管報告一下狀況好了」，才剛開口，主管就又說：「我馬上要出門拜訪下一位客戶，不跟你說了，就這樣！」然後他又出門，前往下一間公司……

就算問他：「請問你現在有空嗎？」也會得到這樣的回答：「只能給你一到兩分鐘的時間。」而且在報告的時候，電話還會不斷響起。

我也常遇到這樣的情況。儘管我知道向主管報告不僅限於口頭報告這個方法，如果想敘述得更詳細，以「電子郵件報告」也是一個好方法，可是這樣更花時間。

你說的沒錯。再加上主管也可能因為忙，根本沒時間看你的「電子郵件」。

如果能在一分鐘之內，將所有情報一個不漏的向上級報告就好了。我們就從這個概念出發，來思考看看該如何整理你的報告。

請試著利用下圖的「邏輯樹」（Logic Tree）架構整理想說的話及應該說的事等所有資訊。

每次主管說：「啊，現在可以。不過，沒太多時間。」老是會讓我更緊張及焦慮，導致無法順利報告。

沒錯，所以在報告前就要想好需要表達的內容量，以邏輯樹整理報告的內容，應該就能不疾不徐的報告完畢。

你這次的報告內容是什麼？

前幾天去了某間玩具製造企業解說新人招募企畫，想向主管報告當時的情況及日後的作業進度。

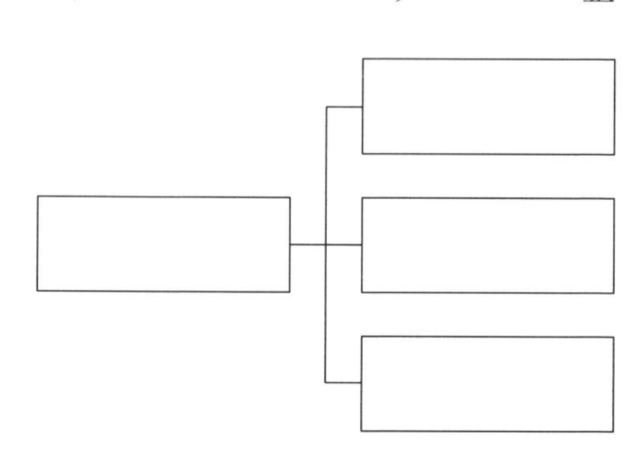

好，首先試著用時序歸納出報告的內容，說給我聽吧！

- 四月二日，我拜訪了日前電話同意參訪的新客戶玩具製造商。
- 對方派出負責招募新人的承辦人及主任，詢問公司的服務內容及具體案例。
- 我告訴對方，從製作招募新人企畫案到執行，都能由本公司一手包辦提供完善服務，並提出之前成功幫助某公司招募到三百至一千名新員工的案例，彰顯本公司的實力。
- 對方已進行明年度招募新人的計畫，希望能以中長期企業計畫為基礎強化招募機制。
- 因此，對方要求本公司製作一份簡單明瞭的企畫書。
- 對方希望重新修正新人招募會的內容，挑選更符合條件的學生來參加。
- 因為兩週後要向對方提案，希望主管在提案前先過目內容，順便幫忙檢查有無缺失。

……唉，我自己說完都覺得好累。

是啊！如果你是主管，聽了這麼多，應該很想問：「那麼，結論是什麼？」

如果將資訊整理並組織起來，或許便會以左頁的方式分類。

想好報告內容的優先順序

當你列出圖表時，是否有發現向上級報告前，最好先將報告內容的優先順序整理好？如果你是主管，會想知道哪些訊息？

這個嘛……如果我是主管，我想知道對方是新客戶或老客戶？接到訂單的可能性有多高？以及我該做哪些事情？

原來是這樣啊！如果向主管報告四十九頁標註的部分，他一定很開心。

圖表3-1　用邏輯樹整理報告內容

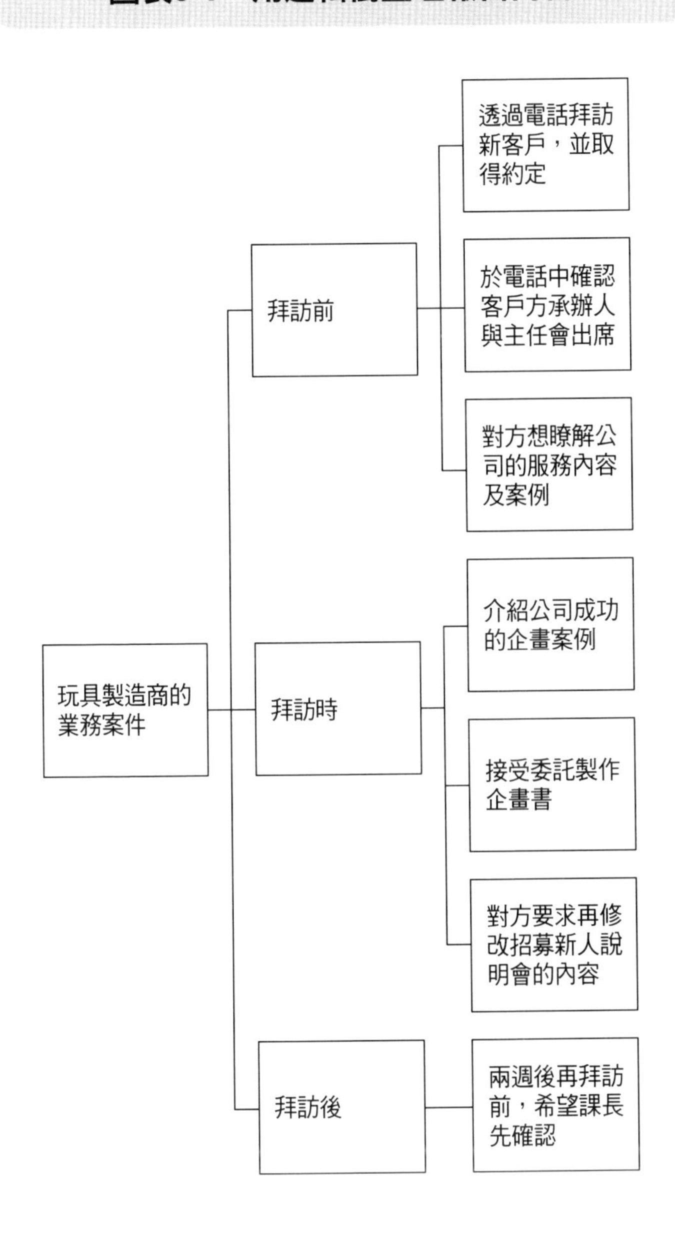

請試著將焦點集中於這些部分，再次整理你的報告內容。

對耶！

這次是拜訪新客戶，與對方的承辦人及主任見面。
向玩具製造商報告公司的服務內容。
對方希望能再修改招募新人說明會的內容。
結論就是兩週後提出企畫書。
希望主管看一次資料，並且協助確認。
如果只有上述訊息，一分鐘內就能報告完畢。利用表格重新架構後，思緒也變清晰了。

如果擔心只用口頭報告會表達得不夠充分，還想以電子郵件報告，但又不想拖泥帶水，就以上述的訊息分量為標準製作郵件，主管一看就明白，也不會感到心煩。此外，製作郵件內容時，也要依照報告時的優先順序來書寫。

圖表3-2　遴選需報告的重點

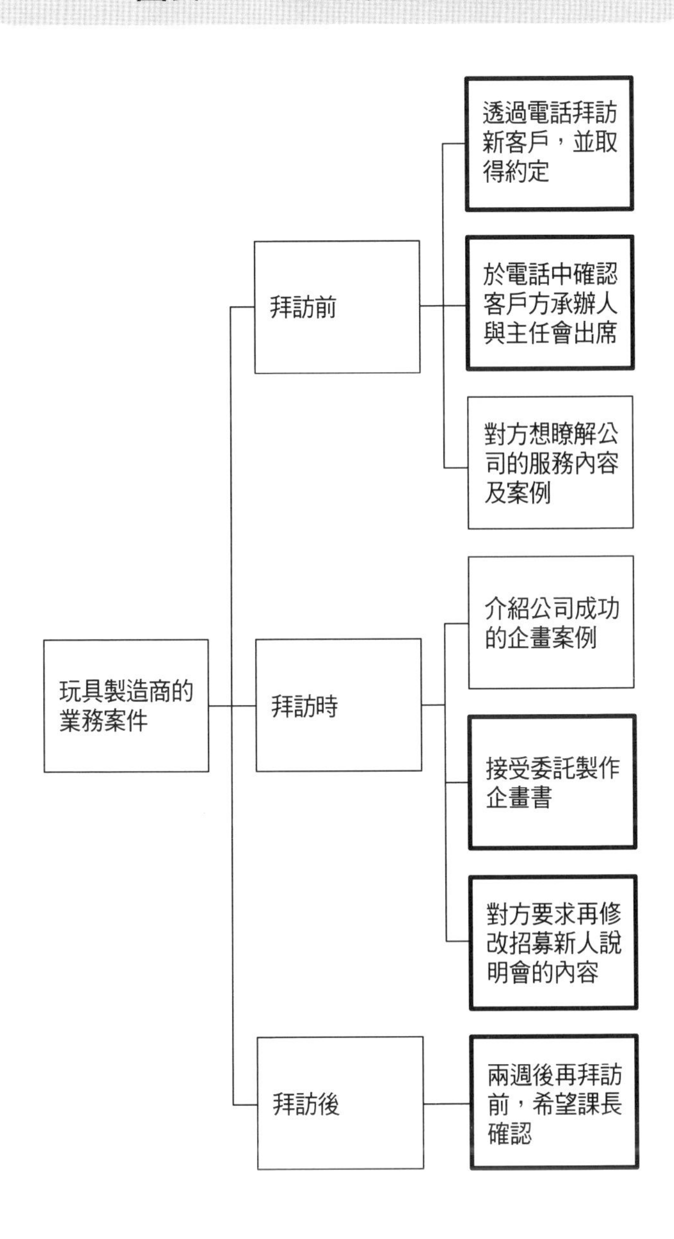

用邏輯樹架構大方向，再來整理內容，就能完成簡潔的郵件報告內容。接下來，事前將資料印出來，口頭報告時看著唸就可以了！

邏輯樹不僅適用於日常的報告，會議報告或幫客戶製作企畫書時也可以參考，將資料架構化，也方便檢視「報告內容有無遺漏」及「報告順序是否妥當」。

2013.06.10　拜訪報告　田中

課長

辛苦你了。
這是本日拜訪玩具製造商的報告。

▶ 向課長商量的事
- 兩週後要向客戶提案，在這之前希望課長幫我檢查企畫書。

▶ 拜訪經過、狀況
- 透過電話找到的新客戶。
  → 想先瞭解公司的服務項目及案例，因此安排這次訪問。

- 與對方的承辦人及主任見面。

- 對方希望能重新修正招募新人說明會內容。

※備註
- 我告訴對方，從製作招募新人企畫案到執行都由公司一手包辦，並提出之前成功幫助某公司招募到三百至一千名新員工的案例，彰顯本公司的實力。
- 對方已經在進行明年度的招募新人計畫，希望以中長期企業計畫為基準，強化招募機制覓得優秀人才。

以上事項麻煩課長了。

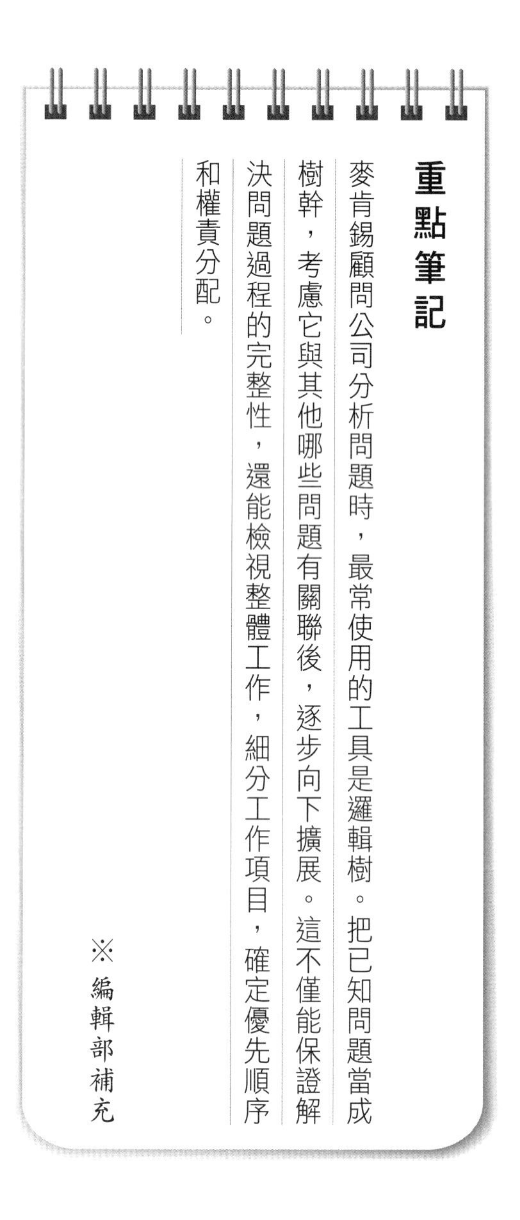
重點筆記
麥肯錫顧問公司分析問題時，最常使用的工具是邏輯樹。把已知問題當成樹幹，考慮它與其他哪些問題有關聯後，逐步向下擴展。這不僅能保證解決問題過程的完整性，還能檢視整體工作，細分工作項目，確定優先順序和權責分配。
※編輯部補充

NOTE
開會前賽跑大會
主管的電梯要上來了，準備助跑。

麥肯錫的MECE歸納術，抓到簡報重點

情境4 被說簡報言之無物、讓人看不懂

▼時間順序、由大至小、兩項對比的三方法，就能一目瞭然

我正在更新公司的網頁，並且製作內部簡報時講解的概要說明資料，結果卻被主管說：「你的資料到底想表達什麼？」連我自己看過後也覺得言之無物，我實在不會歸納重點，很傷腦筋。

要將腦袋中的想法化成文字，並讓閱讀者一目瞭然真的很難。在製作資料時，

圖表4-1　原來的簡報規畫

企畫宗旨（目的）

- 增加瀏覽數、訪客數
- 提高詢問人數

→

目標

為了提高營業額，開拓瀏覽量（潛在顧客）

現況及課題

- 瀏覽數
  ○○PV（預覽）
- 訪客數
  ○○UU（單獨用戶）
- 指示不清，很難找到諮詢按鍵
- SEO對策（注）一直沒有更新

目標數據

- 瀏覽數
  ○○PV（預覽）
- 訪客數
  ○○UU（單獨用戶）
- 詢問數
  比更新前提高○%

具體對策

- 整理公司的商務服務項目
- 配合訪客的問題、需求，重新修正並設置搜尋導向
- 修正SEO對策的關鍵字
- 以關鍵字廣告引導至網頁　等

預算（概略估價）

網頁更新費用
150,000日圓（不含稅）
關鍵字廣告費用
300,000日圓（不含稅）
合計450,000日圓（不含稅）

（注）SEO是「Search Engine Optimization」的縮寫，意思是「搜尋引擎優化」。目的是透過一系列方法，讓搜尋引擎看懂網站內容，使網站排名出現在搜尋結果的前面，進而取得高流量。而最終目標就是讓網站排在第一頁，排名越前面越好。

不妨試著依循以下三個關鍵點來組織情報，或許會讓你更加得心應手。

1. 時序、流程

以時間順序或流程製作資料，就是所謂的MECE法，採取「由左至右」、「由上至下」的移動方向，力求閱讀者的視線動向簡潔，使閱讀者一目瞭然。

圖表4-2　以時序與流程製作資料

現況	● 瀏覽數 ○○PV（預覽） ● 訪客數○○UU（獨立用戶） ● 指示不清，不容易找到諮詢按鍵 ● SEO對策一直沒有更新
因應對策	● 整理本公司的商務服務項目 ● 配合訪客的問題、需求，重新修正並設置搜尋導向 ● 修正SEO對策的關鍵字 ● 以透過關鍵字廣告引導至網頁　等 預算（概略估價） 網頁更新費用　150,000日圓（不含稅） 關鍵字廣告費用　300,000日圓（不含稅） 合計450,000日圓（不含稅）
企畫宗旨（目的）	● 增加瀏覽數、訪客數 ● 提高詢問人數目標數據 ● 瀏覽數　○○PV（預覽） ● 詢問數　比更新前提高○% ● 訪客數　○○UU（單獨用戶）
目標	為了提高營業額，開拓瀏覽量（潛在顧客）

2. 從大至小

整理資料的關鍵在於列出最抽象的事項，再漸次列出具體事項（演繹式流程）。想要明確表示結論時，最好使用這個方式。

圖表4-3　從抽象到具體依序整理資料

從結論、主張、較抽象的情報開始報告

目標數據	為了提高營業額，開拓瀏覽量（潛在顧客）
目標	• 瀏覽數　〇〇PV（預覽） • 訪客數　〇〇UU（單獨用戶） • 詢問數　比更新前提高〇%

現況		因應對策
• 瀏覽數 〇〇PV（預覽） • 訪客數 〇〇UU（獨立用戶） • 指示不清，不容易找到諮詢按鍵 • SEO對策一直沒有更新	▶	• 整理公司的商務服務項目 • 配合訪客的問題、需求，重新修正並設置搜尋導向 • 修正SEO對策的關鍵字 • 以關鍵字廣告引導至網頁等

預算（概略估價）	網頁更新費用　150,000日圓（不含稅） 關鍵字廣告費用　300,000日圓（不含稅） 合計450,000日圓（不含稅）

3. 兩項對立

以「現況」↔「目標」、「過去」↔「未來」（Before↔After）、「自己公司」↔「其他公司」、「強」↔「弱」等對立概念為依據，將資料內

圖表4-4　以二分法拆解資料內容

以兩者對立的方式製作報告，哪些部分該如何改變，立刻一目瞭然

目標	為了提高營業額，開拓瀏覽量（潛在顧客）

現況		目標數據
• 瀏覽數 〇〇PV（預覽） • 訪客數 〇〇UU（獨立用戶） • 指示不清，不容易找到諮詢按鍵 • SEO對策一直沒有更新	▶	• 瀏覽數 〇〇PV（預覽） • 訪客數 〇〇UU（單獨用戶） • 詢問數 比更新前提高〇%

因應對策	• 整理公司的商務服務項目 • 配合訪客的問題、需求，重新修正並設置搜尋導向 • 修正SEO對策的關鍵字 • 以關鍵字廣告引導至網頁　等
預算（概略估價）	網頁更新費用　150,000日圓（不含稅） 關鍵字廣告費用　300,000日圓（不含稅） 合計450,000日圓（不含稅）

容以二分法拆解整理。

總之，在製作報告時，就要想著如何能讓對方清楚的接收資料，就能寫出簡潔扼要的報告。

讓對方清楚的接收……

最後，關於資料的呈現方式，有兩個重點務必記住。

內容的引導路線要簡單

內容的閱讀動向最好採取「由上至下」、「由左至右」的單一方向，比較一目瞭然。如果讓閱讀者視線亂移，在閱讀的時候會眼花撩亂，思緒恐怕也會變混亂。

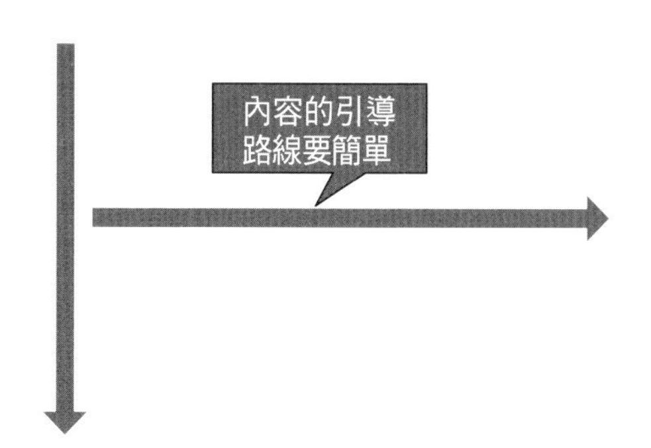

「盒子架構」一目瞭然

呈現文字情報時，使用盒子般的架構就能一目瞭然。

你的要點不僅讓內容更清楚明瞭，也讓簡報報告起來更加井然有序。我會趕快修正觀念，重新挑戰看看！

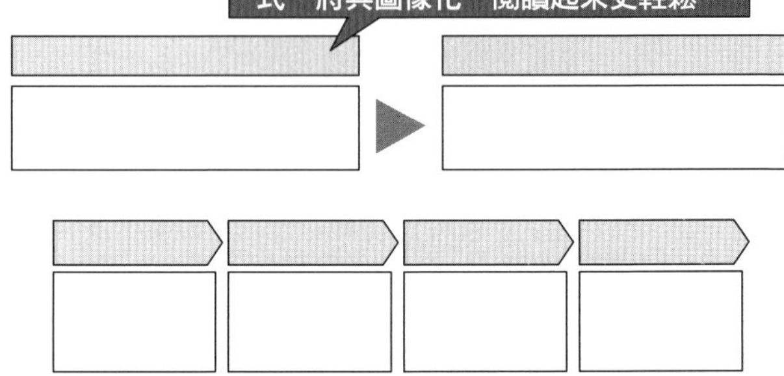

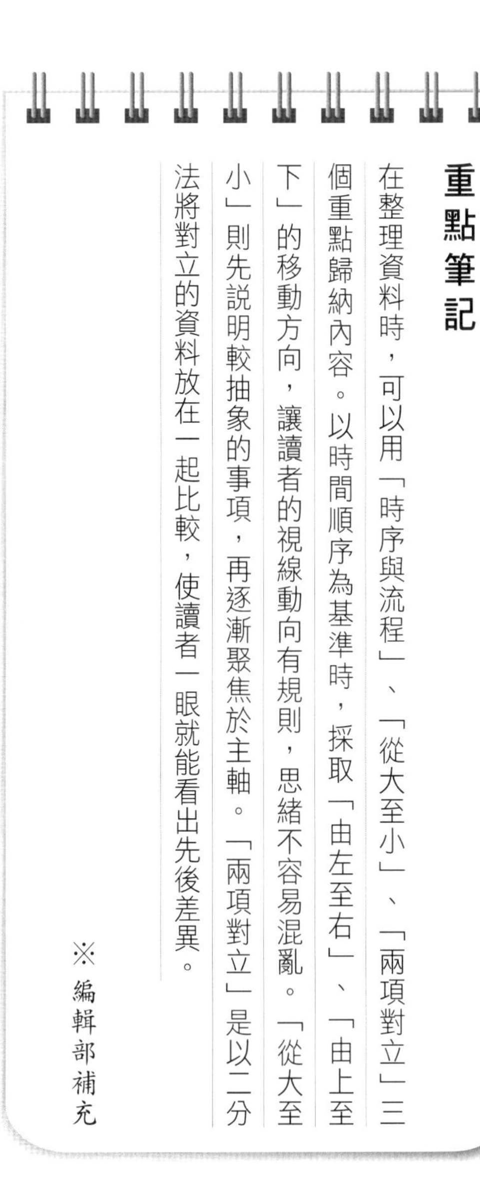

重點筆記

在整理資料時，可以用「時序與流程」、「從大至小」、「兩項對立」三個重點歸納內容。以時間順序為基準時，採取「由左至右」、「由上至下」的移動方向，讓讀者的視線動向有規則，思緒不容易混亂。「從大至小」則先說明較抽象的事項，再逐漸聚焦於主軸。「兩項對立」是以二分法將對立的資料放在一起比較，使讀者一眼就能看出先後差異。

※編輯部補充

太好了！開會前先
玩個腦筋急轉彎！
不，是我要開始
報告了……

NOTE

第2章

工作量一多就容易慌亂，常常要人出手相救？

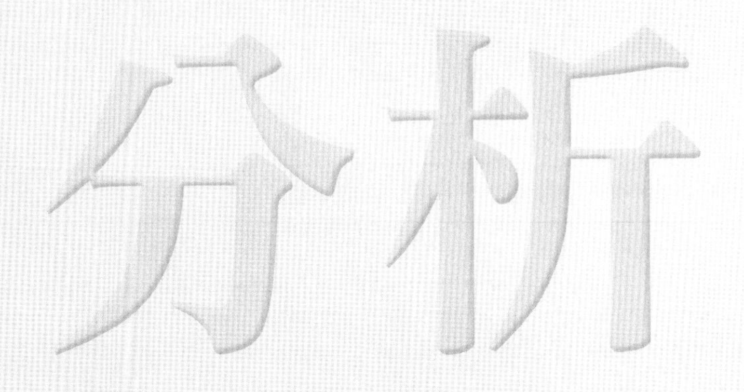

豐田的A3問題解決術，將問題流程化

情境5

提出部門改進計畫，卻因漏洞百出被主管糾正

▼將應有狀況、現況、課題、解決策略都寫在一張A3紙上

松島先生，主管對我說：「你的想法真膚淺！我不需要這種臨時起意的提案，你好好想過再提出縝密的方案吧！」儘管被要求提案要縝密，但是我實在不曉得該如何做才好。

你想提出什麼樣的方案呢？

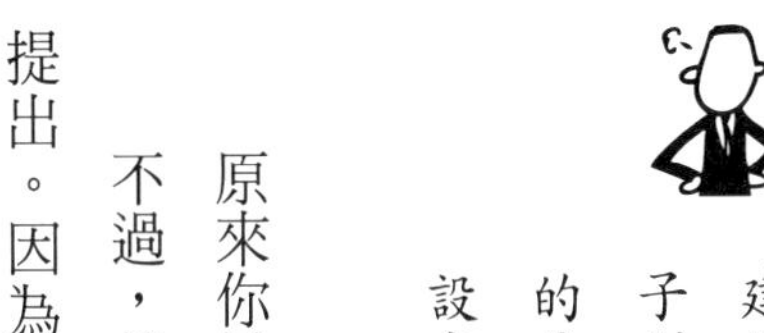

我想要改進所屬部門工作效率很差的問題。我們部門常開會，主管經常說：「溝通時請更有建設性及效率。」而且加班時數也很長。前陣子利用主管的空檔與他討論了這件事，我主張的是「就算只有我們部門這麼做也行，能不能設定非加班日？」

原來你是為了提升工作效率而提案要修改規定。不過，就算你想好了方案，主管也可能無法向公司提出。因為你的提案理由不夠明確，而且也無從判斷「設定非加班日」就能解決問題。對此，利用所謂的「基本思考術」，從基礎架構開始先把思緒整理好。所謂的架構如下所示。

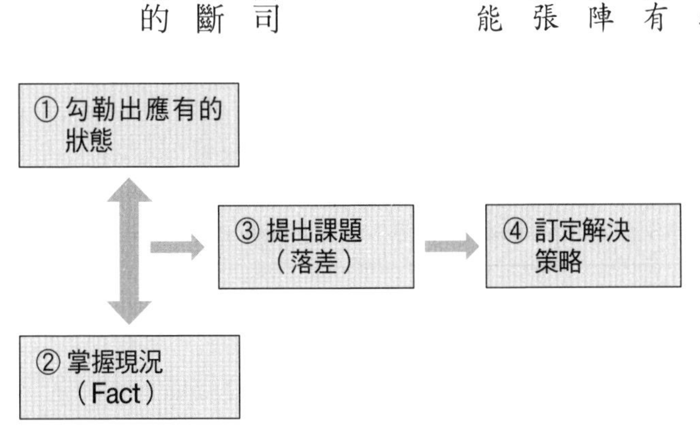

請看左邊的符號。這是一個英文字母，你認為哪裡有問題？

這是英文字母「E」顛倒的樣子。

沒錯，正確寫法如下。這是原本的樣子。

E

那麼，下一個符號哪裡有問題？

這個嘛……嗯……，總覺得像是笑臉的圖案，哪裡有問題呢？

看不出來吧？因為我們不曉得這個圖案的原型為何，所以無從得知原始情況與現況的差異，就是說不曉得問題在哪裡。

在解決問題時，如果原始情況或現況不明確，就無法找出問題的癥結點。

1.「原始情況」與「現況」

這次提案的「原始情況」，是「改善工作效率，提高產能」，具體來說是想縮減十％加班時間，或減少公司五％成本。

依照這個作法，試著「整理現況」時，準確掌握「事實」非常重要。假設聽到別人說：「○○先生不守時。」有人會以為「那個人可能平常都遲到十分鐘吧！」也有人會認為「該不會遲到半小時吧？」

原本打算告訴他人真實的情況，卻因為內容不夠具體，導致每個人主觀不同而「想像、印象」出現各種情況，結果反而無法客觀掌握現況。

2. 以「四原則」思考「事實」

那麼，就先來想想何謂事實？

如左頁表示，將焦點鎖定於「已發生的事」、「數字」、「說過的話」、「記錄的事」等四個項目，就能清楚呈現事實，我稱這個思考模式為「四原則」。

請你以具體事實舉例一下工作效率差的情況。

以我的公司為例，每個人的平均加班時數約為五十個小時（每月平均）、每次的會議時間平均都超過兩個小時、社長已透過公司內部電子郵件下達縮減加班時數的命令，這些都是真實發生的情況。

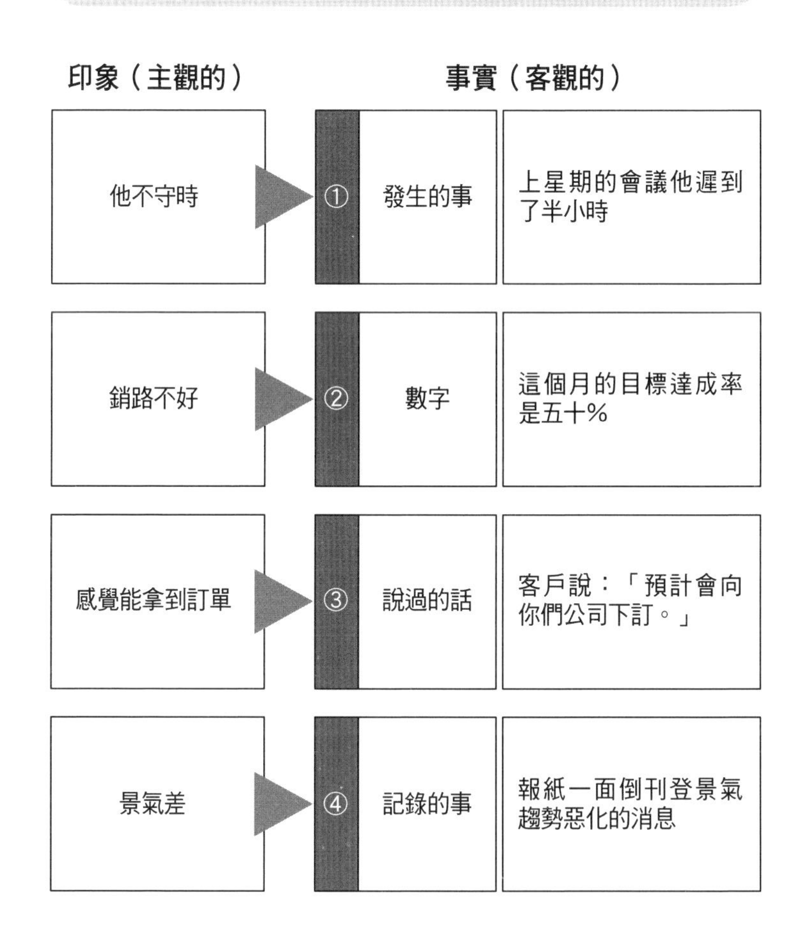
圖表5-1　以4原則闡述「事實」
印象（主觀的）
事實（客觀的）
他不守時
①
發生的事
上星期的會議他遲到了半小時
銷路不好
②
數字
這個月的目標達成率是五十%
感覺能拿到訂單
③
說過的話
客戶說：「預計會向你們公司下訂。」
景氣差
④
記錄的事
報紙一面倒刊登景氣趨勢惡化的消息

原來如此。在假設應有狀態時，就用下面的方式將思考流程圖表化。

圖表5-2 比對「現況」與應有狀況

〈應有的狀態〉
- 每個人平均加班時數：三十個小時以內
- 會議時間：每次平均時間一小時以內

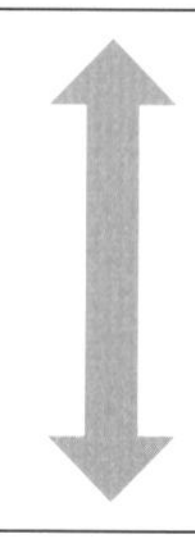

〈現況〉
- 每個人的加班時數，平均每個月約為五十個小時
- 每次會議時間平均都超過兩個小時
- 社長已透過公司內部電子郵件下達縮減加班時數的命令

3. 浮現問題

再根據上述情況，列出問題現況與應有情況的落差。

圖表5-3　揪出問題所在

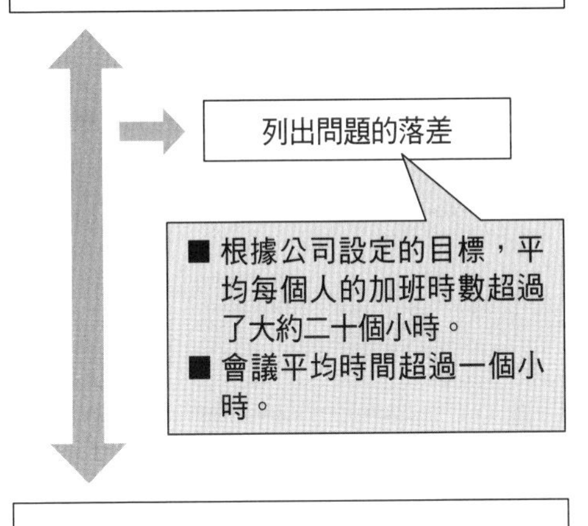

原來如此，在提出制定非加班日的方案時，要將縮減每人平均加班時數，及縮短會議時間等項目列為焦點問題一併提出。

主管也有可能沒有正確掌握到情況，如果你跟他說清楚，或許他會接受你的提議。

4. 制定解決策略及提案

接下來，針對列出的課題思考解決策略。

圖表5-4　針對問題點思考解決策略

問題點		解決策略
■ 根據公司設定的目標，平均每個人的加班時數超過大約二十個小時。 ■ 平均每次的會議時間超過一個小時。	▶	■ 以削減加班時數為目標，提出非加班日方案並且希望能實行。 ■ 參加產能提升研習會（學習工作或會議效率化的方法）並實踐其方法。 ■ 重新審視會議次數及內容、縮短會議時間、簡化事前準備工作。 ■ 制定公司內部溝通原則（需要用五分鐘以上來寫的電子郵件，就改用電話溝通等）。

將所有內容（應有狀態、現況、課題、解決策略）寫成一張A4的資料，向主管說明，你是基於何種理由提出非加班日的點子，將你的思考流程視覺化，是不是就更容易表達清楚了呢？

這個思考模式適用於改善現狀或回頭審視，不用一時興起，也不需要苦思，就能夠確實掌握到解決問題的辦法，請你務必將此思考模式運用在各種狀況。

除了工作，我認為在整理自己的人生或解決與家人溝通問題等私事方面，也能助你一臂之力。

謝謝你的解說。

我會盡快把這些資料呈給主管，再跟他溝通看看。我現在好像已經學會如何以客觀角度整理資料，也有自信能簡潔且明確的解釋提案。

重點筆記

本書作者提出的四原則思考法，主張把思考焦點集中後，列出現況與應有狀態的對比，藉此找出落差、揪出根本原因。這些思考過程內容，都表現在一張A4紙上，不管是製作或接受報告的人，都能一目瞭然。其實，這與日本豐田公司開創的A3報告（A3 Report）異曲同工，豐田也使用圖形、列表等，把問題、分析、改正措施及執行計畫囊括在一張A3紙上，而且此方法已經成為內部標準流程。

※編輯部補充

NOTE
天啊！下次我要規定只能寫在便條紙上。
主管

麥肯錫的MECE分析法，解決你重複執行的時間浪費

情境6

每次都被主管提醒，才知道哪些沒做好

▼籌畫活動時，注意提案是否彼此獨立、絕無遺漏

今年是我進公司的第三年，第一次負責專門為女性設計的新彩妝商品宣傳企畫案。因為是首次挑戰，為了從何開始著手苦惱不已，而主管卻不斷在一旁叨唸，讓我覺得有點沮喪……。

可以說得更具體嗎？主管在唸哪些事？

譬如「委託商品開發部〇〇先生了嗎？」、「拜託負責網頁的△△公司修正了嗎？」、「如果當天預定出席的明星遲到了，怎麼辦？」等。被主管唸過後，才想起「確實這些事都該做」，而我卻完全沒有想到，當然也沒有任何安排。老是被上級指正、提醒，覺得很沒面子。明明我也列了工作待辦事項和計畫表，卻還是一點頭緒也沒有。

你列的工作待辦事項漏掉太多事了。畢竟第一次負責這項工作，難免對許多環節感到陌生，但要是再繼續這樣靠主管提醒，對方可能會忍無可忍、大發雷霆。我希望你好好運用以下介紹的MECE分析法。

MECE（彼此獨立、互無遺漏）是減少工作缺失的重要思考原則之一。這是管理顧問公司麥肯錫（McKinsey&Company）所提倡的思維，直譯的意思為「彼此不重複、全部集合起來毫無遺漏」，讓工作能夠「滴水不漏、不會重複執行」的思考模式。

MECE在日本算是大家比較熟悉的思考法，在此用「人類」來舉例，希望能讓你輕鬆掌握概念。

下圖①～④是以MECE思考術表達「人類」的例子。

在檢證是否遺漏或重複時，以「整體」的觀點會比較容易思考。

①如圖6－2，戶籍將人分為男性或女性，符合MECE的思考術。

圖表6-1　一般分析「人類」的方式

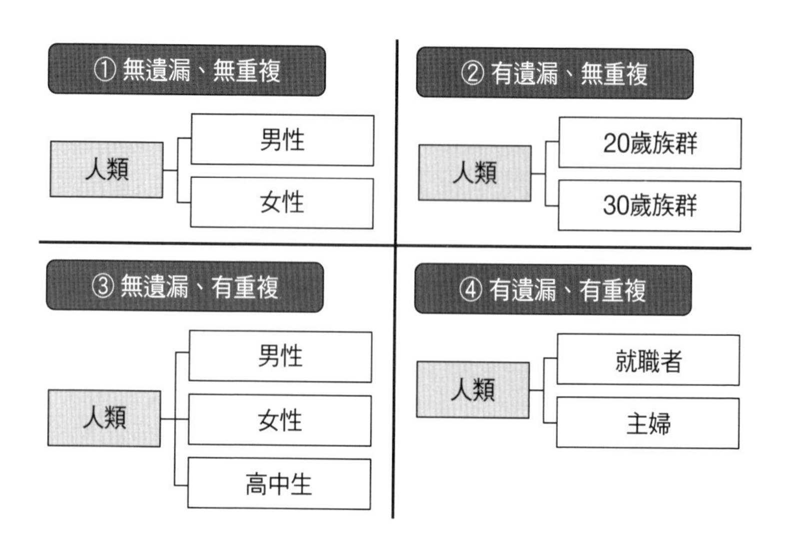

②是二十歲族群及三十歲族群，年齡方面並沒有重複，卻遺漏了十歲族群或四十歲族群等其他年齡層。

③是將人類分為男性及女性，整體來看並無遺漏，但是卻與高中生部分的男高中生與女高中生重複。

④的情況有遺漏、也有重複。主婦當中有人是上班族（OL等），有人不是主婦也不是上班族。

圖表6-2　以MECE分析「人類」

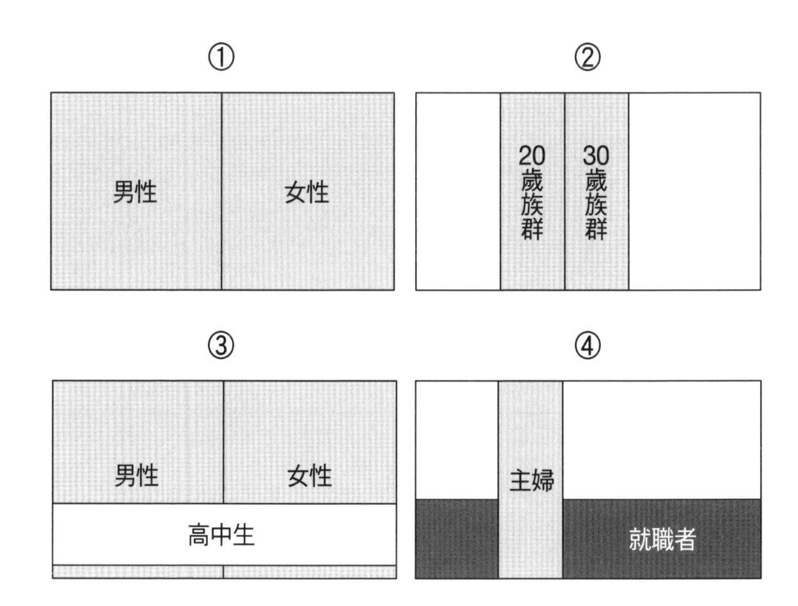

嗯，聽你這麼一說，真的容易多了。

不過，這樣的思維與籌辦活動有何關係呢？

以這次的活動企畫流程為例製作圖表吧！

請看下列圖表。你的提案是否符合MECE的思考術？

沒有，我不認為是MECE的思考術。

活動後的報告、原始企畫立案等都是必須列出的重要事項，卻沒有出現在圖表中。

你說的對，把活動當成「箱子」看，只考慮宣傳或當天的活動流程，就會出現許多遺漏的地方。

換做參考左頁圖表，以「時序」分類，就不會遺漏了。

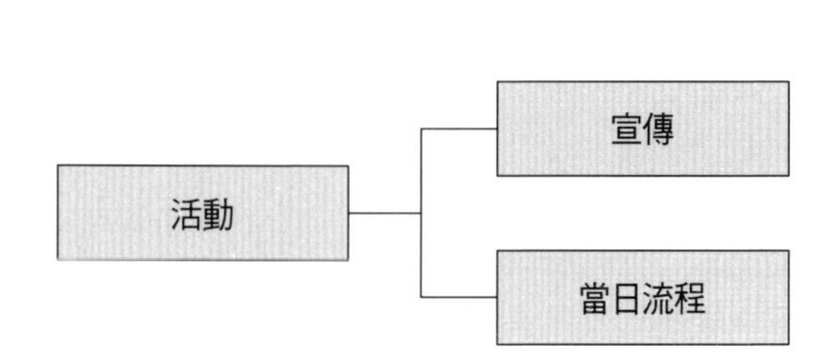

圖表6-3　以「時序」檢查活動的工作內容

活動

	宣傳		當日流程	

活動

事前		當天		事後	
企畫立案	宣傳	當天準備事項	當天流程	事後追蹤	內部報告和總整理

重點在於，並非把立即需要做到的事列出來，而是審視全盤狀況，大致區分順序，檢查是否有遺漏的地方。

籌備活動時，如果有遺漏之處，工作量會大幅增加，人力需求也會增加。作業重複，則是執行相同作業的人數會增加，等於浪費時間、人力及成本。

我懂了，不希望被主管唸，又想減輕相關人員負擔，必須從企畫階段就做到滴水不漏，避免重複作業。

我認為這個思考模式不只能運用於籌備活動，任何類型的工作都適用，但有沒有適合一人獨力作業時的MECE思考術？

問得好！我先說明一下，雖然不是每項工作都要在完善的MECE狀態下進行，但是如果怕有遺漏事項，不想重複作業徒增浪費，就多多利用這項思考術。

請你告訴我執行MECE思考術的關鍵方法。

好的，首先記住這個原則。

1. 以方程式思考

重點在於方程式思考術。例如：以數學方程式思考「提升營業額」，會得到「營業額＝盈利＋成本」的公式。

換言之，套用MECE思維，就會想到「增加盈利」及「降低成本」兩個選項。

不要只單純認為「提升營業額」就是「總之要增加盈利！增加訂單數量！」而是以MECE思考整體情況，就會分解出「降低成本，尤其要降低人事成本」的解決方案，進而加以檢討。

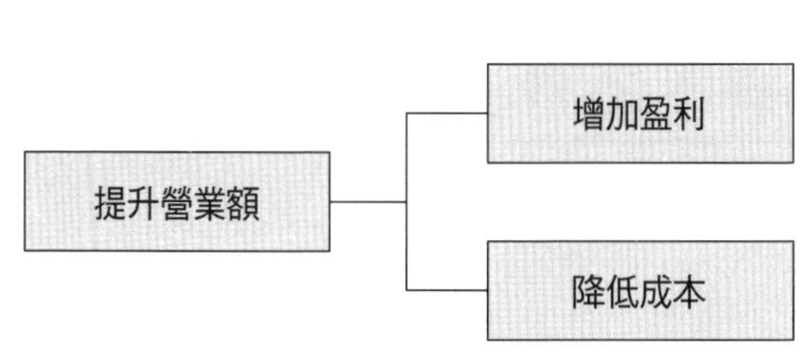

2. 畫圖思考

畫圖思考不是以文字為依據，而是以視覺為主的思考方式。用這個思考方式比較容易掌握全盤狀況，也能夠抓到重點。尤其是在思考如何改善溝通或人際關係時非常有效。

比方說，A、B、C三人溝通不良時。實際繪圖後，不會將原因一面倒的歸咎於「A能力不足」或「B能力不足」，而是會想到以下七個可能原因。

①A有問題。
②B有問題。
③C有問題。

⑦
A B
④
⑤ C ⑥
① ②
③

④A與B溝通不良。
⑤A與C溝通不良。
⑥B與C溝通不良。
⑦整體架構、環境有問題。

以這樣的方式思考，就能想到「A和B之間可能溝通有問題」、「該不會一開始的整體架構或環境有問題」等問題點。

3. 流程式思考

以流程思考可以清楚且簡單的俯瞰整體狀況，就如同先前宣傳活動的例子。

此外，以時間前後順序為基準也是方法之一，在思考自己負責的業務問題為何時，也可以參考下圖的方式，根據流程分類來思考。

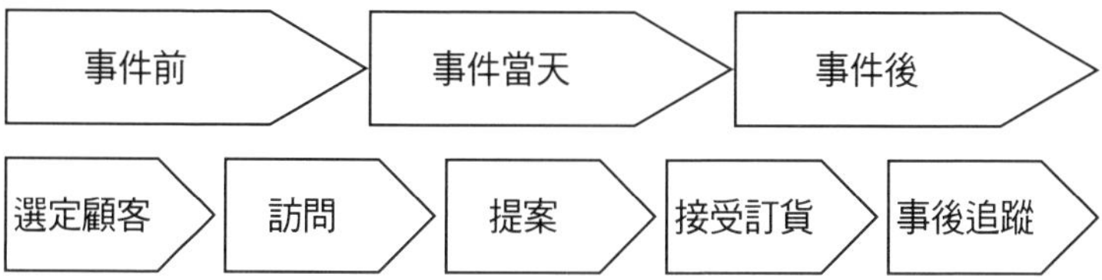

事件前 → 事件當天 → 事件後

選定顧客 → 訪問 → 提案 → 接受訂貨 → 事後追蹤

一邊觀察整體情勢，一邊檢證問題，譬如是否採訪技巧不佳？提案數太少？事後追蹤時間太短？如此一來就能夠更準確且有效率的改善問題。

4.「其他」思考方式

還有超簡單的思考方法，在計畫宣傳活動時，如果從「取得預算」開始思考，如下圖填上「其他」部分，會覺得「彩妝品宣傳活動」的整體架構就完成了。不過，怎麼看都不是很完善，所以才需要MECE思考術。

啊……

原來如此。

彩妝品宣傳活動

取得公司內部預算	其他

懂了嗎？

這是最極端的作法，除了「取得內部預算」，還有許多工作等著你呢。

不過，如果只畫出上述圖表，會遺漏許多重要事項。至少要如下圖，再詳細分類或許比較好。

我懂了。

那麼，最後將所有重點整理一下，得出以下四個思考原則。

①以方程式思考。

②畫圖思考。

③以流程模式思考。

④使用「其他」思考方式。

彩妝品宣傳活動

取得公司內部預算	企畫製作	宣傳
當日活動流程		事後檢證
其他		

準備開始工作之際，隨時以這四項原則自我提醒，就可以減少缺失，避免重複作業，也不會浪費人力和時間。尤其是第一次挑戰的新工作，希望一開始就以MECE思考術架構，並遵照其關鍵原則來執行作業。

我會再一次重新審視前述的宣傳活動工作代辦事項表。依據流程式思考整理全部工作流程，因為這次相關人數眾多，我會把他們圖表化，重新思考與誰溝通能讓事情進行得更順利！

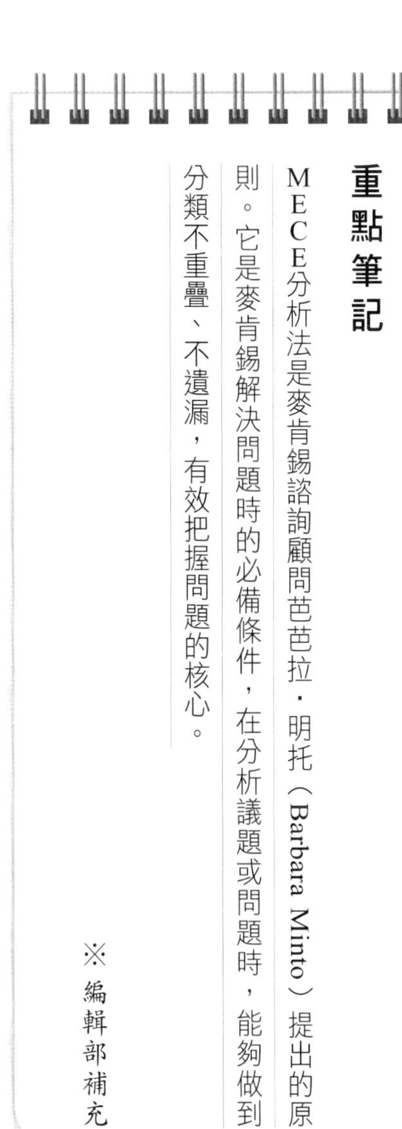
重點筆記
MECE分析法是麥肯錫諮詢顧問芭芭拉・明托（Barbara Minto）提出的原則。它是麥肯錫解決問題時的必備條件，在分析議題或問題時，能夠做到分類不重疊、不遺漏，有效把握問題的核心。
※編輯部補充

只有22K還要這樣賣命嗎………
不僅要思考，更要細心思考，公司需要這樣的人。

第3章

同事準時下班，
而自己卻天天加班？

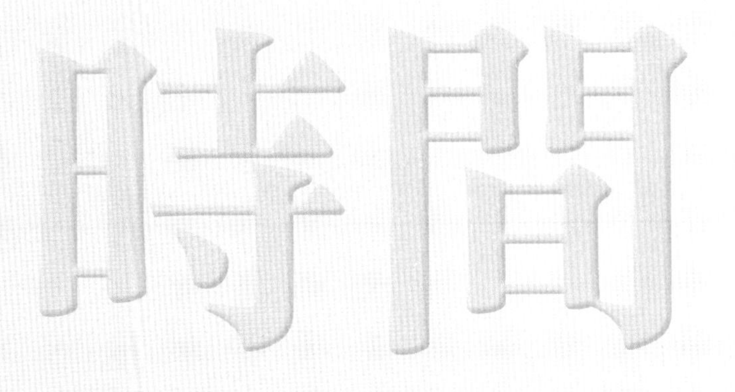

戴明博士的GPDCA模擬思考術，掌握全盤狀況

情境7 等到火燒屁股才做，因此總是做不出好成果

▼「目標→計畫→執行→檢查→改善」的五流程及十九項重點

請問我該如何掌握工作流程，按部就班的進行工作呢？

在腦中事先模擬工作流程，或許能有事半功倍的效果。我從學生時代開始一直是體育社的社員，所以總是等到事情快到了才做，全憑一時興起和耐力撐到底，是個做事漫無計畫的人。

第一次拜訪法人團體的客人時，堅信自己能掌握好現場流程，不過再怎麼試著撐場面，還是僅訪問了二十分鐘就結束，在這時候所謂的耐力和意志根本派不上用場。

我好像也跟你一樣。雖然我理解情境1所說的，在準備階段先確立四項重點，但是對於工作整體狀況，實在一點頭緒也沒有。

如果這樣，請你先看一下下圖。這是所謂的工作基本流程圖。

圖表7-1　GPDCA流程圖

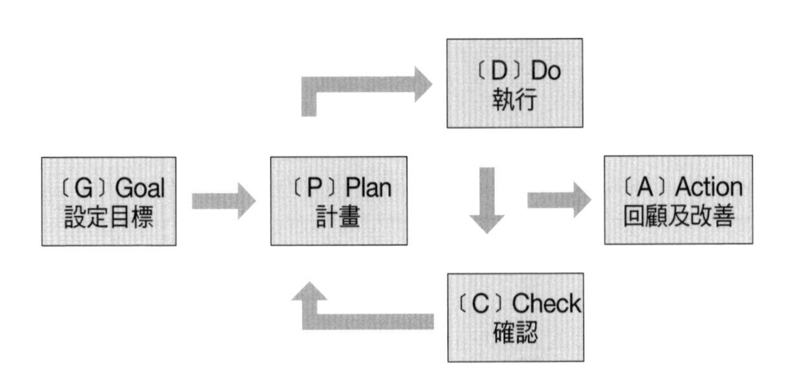

擷取上述五項：設定目標（Goal）、計畫（Plan）、執行（Do）、查核（Check）、回顧及改善（Action）的第一個英文字母，簡稱為「GPDCA循環」。其中的「PDCA」是由英國統計學家休哈特（Walter Andrew Shewhart）和美國統計學家戴明（William Edwards Deming）所提倡的思考模式，我在大學時期學到了「PDCA循環」這個名詞，爾後在企畫活動或社團會議時，都試著以這個原理來規畫。

但是，以這個原理為基準籌備活動或會議，確實能將該執行的項目全部一個不漏的列出，可是就如同情境1所提，會因為沒有先確立執行宗旨和作業範圍，使團隊成員沒有依據可循，結果出現各種問題和抱怨，像是「也要統計這份問卷調查的結果嗎？」、「這項議題還要再深入討論嗎？真想趕快結束……」等，情況會變得很混亂。

我參加新人教育訓練時，也聽過「PDCA循環」這個理論。不過，具體內容為何？我實在不懂……。但是這個理論很重要，希望你能教我。我第

圖表7-2　GPDCA工作流程表

步驟	流程
Goal 設定目標	掌握現況、發現問題
	宗旨、目標、作業範圍、確認相關人員
	做成書面文件及建立共識
Plan 計畫	作業分析
	決定優先順序
	分配任務及人員
	估計所需時間
	分配預算
	計畫行程
	風險管理計畫
	分享計畫、建立共識
Do 執行	執行計畫
Check 查核	確認計畫與實際狀況的落差
	追究原因及更正
	建立解決策略
	重組及修正計畫
Action 回顧及改善	回顧最初設定的目標
	將成功案例及失敗案例製成教材、建立知識庫系統
	執行今後的改善對策

一次聽到加了「G」項目的說法。

道理人人都懂，但實際執行時，該依照哪些流程才能讓工作順利進展，正是本單元重點。上一頁圖表是我整理的工作基本流程圖，對於「GPDCA流程」有疑問的人，請先記住這個流程圖。

不過，像是印刷資料或製作申請書等簡單的作業，當然不需要用到如此詳細的流程；這個流程圖特別針對第一次嘗試、或是會牽扯到多位相關人員的工作，當接下這些工作時千萬不要心慌，先依照五流程整理出該做的事項，應該能讓後續工作順利進行。

原來如此。請你根據各流程再詳加說明！

我只能概略說明一下，不過我很開心，看來你已經進入情況了。

1. 設定目標（GOAL）

■ 掌握現況、發現問題

以客觀角度掌握資訊及現況是最基本的重點，至於詳細情況，請參考情境5，我會在後面詳加敘述。

■ 宗旨、目標、作業範圍、確認相關人員

這點已在情境1說明過，請再瀏覽一次。

■ 做成書面文件及建立共識

牽扯到多位相關人員（自己、主管及其他部門）的工作，特別需要在準備階段就將「工作方針」製成書面文件，讓大家能夠有共識。不必刻意製作精美詳細的資料，以郵件說明即可。執行重點在於讓大家明白這件工作的宗旨為何，不要有人說：「我都不知道。」

2. 計畫（PLAN）

■ **作業分析**

以目標為基準，一一詳列該做哪些事或哪些事必須要做到。如果是第一次嘗試的工作，最好提前調查是否曾有相似的業務內容，亦可請教前輩或主管。

■ **決定優先順序**

整理工作步驟，想想該先從何處下手。我將於情境8詳細說明。

■ **分配任務及負責人員**

將於情境10詳述，請先了解一下「RACI」模式。

■ **估計所需時間**

針對各項業務內容估計需要多少人力，以及多久的作業時間，才能夠訂定實際行程。若是有多項工作等待處理時，請評估該如何同時進行，或是需要委託相關人員完成。

■分配預算

如字面所示，分配必需預算並且妥善調整，不要超支。

■計畫行程

如果是自己能掌控的作業，要縮短空檔期，盡量提早執行並完成。如果是委託他人執行的作業，安排行程時要預留足夠的空檔，以便降低行程拖延的風險。

■風險管理計畫

事先設想各種突發狀況，比如「萬一無法一次就獲得主管認可呢？」、「萬一預算不夠，怎麼辦？」等，並且列出來，思考預防及因應策略。

■分享計畫、建立共識

在執行任務階段，常需要共用企畫管理工具或軟體，請經常檢查並討論，取得彼此的共識。

3. 執行（Do）

■執行計畫

執行訂定好的計畫。

4. 查核（Check）

■確認計畫與實際績效的落差

當計畫開始進行，時間就會一分一秒流逝。可能會發生作業中途停擺的情況，或是因為團隊成員情緒低落導致進度變慢，無法達成目標等，因此訂定計畫流程時，最好要設想到進度會跟實際情況有落差，在執行過程中必須定期確認狀況，一有落差馬上矯正。

■追究原因及更正

當作業延遲時，通常會更加把勁追趕進度。不過，這麼做就無法探究延遲的根本原因，也不可能思考解決對策。於是下次再發生同樣狀況時，也會手忙腳亂，無從因應。

■建立解決策略

事先想好實現計畫並達成目標的具體方法。

■重組及修正計畫

執行過程中也要經常檢視全盤狀況，諸如：最初訂定的目標是否完善？是否能按照預定流程進行？隨時修正計畫。

5. 回顧及改善（Action）

■ 回顧最初設定的目標

在回顧時，除了審視是否能達成目標，還要審視是否能在不超出既定作業範圍的情況下執行計畫，以及最終結果是否能滿足每位相關人員。

■ 將成功案例及失敗案例製成教材、建立知識庫系統

除了失敗的案例，也要關心「為何客戶會下單？」、「為何顧客評價良好？」等成功案例，事前就要清楚掌握成功之鑰及失敗關鍵。在公司內部的共同檔案中留下「回顧紀錄」的資料，下次處理類似業務時，就能馬上掌握重點，讓業務更順利進行。

■ 執行今後的改善對策

為了在下次執行類似業務時更加順利，請務必整理出每次作業的改善策略，反

省自己或團隊的工作方式。（讓工作更加規則化和組織化）

流程共有十九項，好像有點繁複。不過，以此為基準，今後我負責的業務方案應該會更加系統化，進展也會更順利。

沒錯，這個思考模式適合各行各業，希望大家多加利用。將這套模式深植腦海，今後便可以更清楚掌握自己的定位。

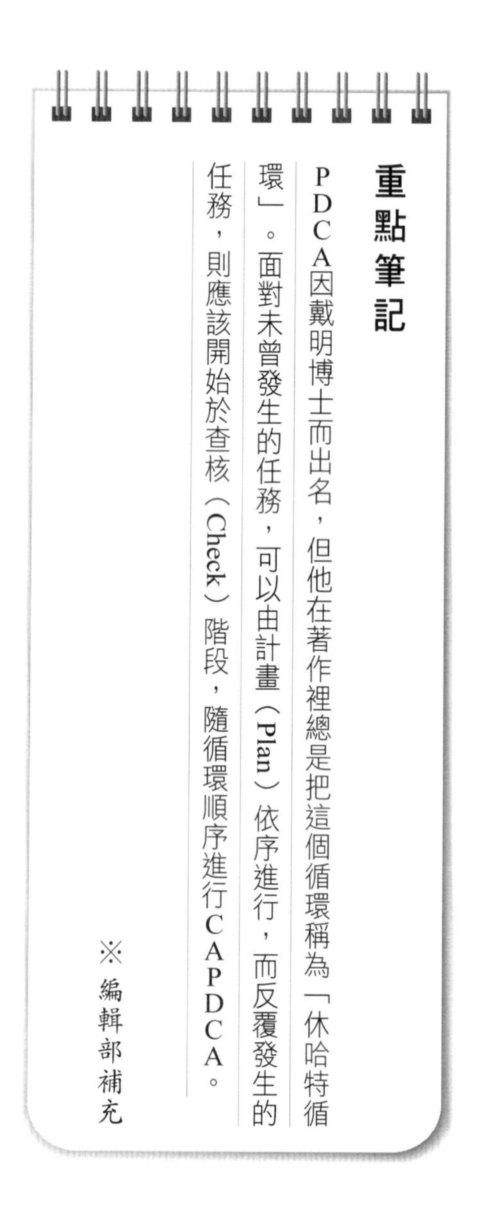
重點筆記
PDCA因戴明博士而出名，但他在著作裡總是把這個循環稱為「休哈特循環」。面對未曾發生的任務，可以由計畫（Plan）依序進行，而反覆發生的任務，則應該開始於查核（Check）階段，隨循環順序進行CAPDCA。
※編輯部補充

NOTE
報告！
資料！
報告！
再給我一點時間，
大家冷靜點！
PAYROLL

用麥肯錫矩陣排列法，決定工作的優先順序

情境8

分不清楚哪項該先做，每次都得臨時加班趕工

▼重要且緊急的事先做，不重要不緊急有空再處理

我最近常加班，要做的事情太多了。

偶爾也會有這樣的情況，主管是否也常碎碎唸？

他每天都對我說：「你有安排好工作的優先順序嗎？」

我也打算按部就班完成工作，但就是做不完，也不知道該從何著手才好。

安排優先順序的方法很多，首先我想介紹矩陣（Matrix）排列法。

它是架構思考方向的著眼點，也稱為「雙軸思考方向」。

重要性與緊急性的矩陣圖

最知名的優先順序矩陣圖是由「重要性」及「緊急性」雙軸所組成的圖表。

排列方法如下頁圖表，有三個重點希望你能夠先確實掌握。

圖表8-1　重要性×緊急性矩陣圖

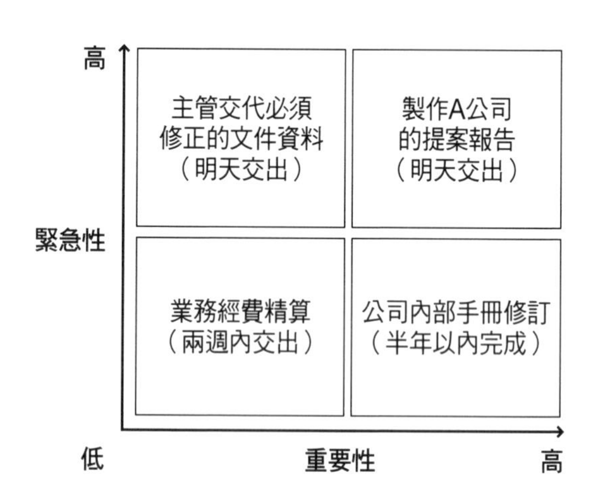

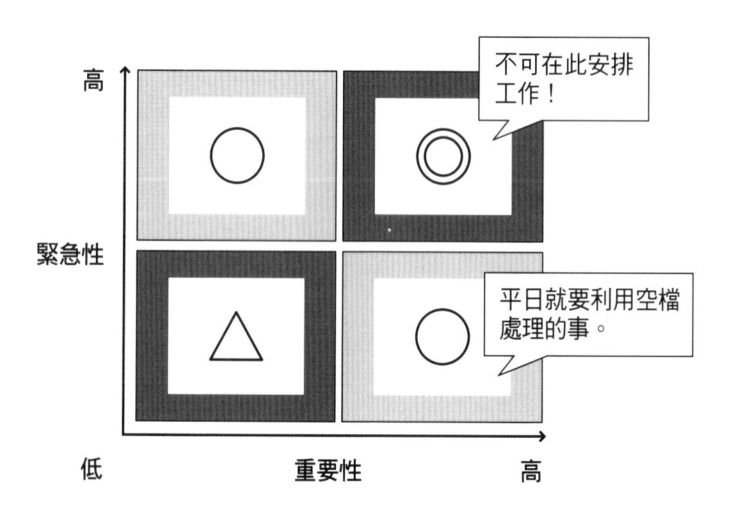

①重要性高×緊急性高的象限區裡不要安排工作

這個象限區的工作是就算熬夜也一定得完成的工作，如果這個區域囤積工作，真的就是所謂的紅色警戒區。

總之，最好不要在這個區域裡安排工作。

②重要性高×緊急性低的象限區屬於空檔時段

多數①的工作原本屬於「重要性高×緊急性低」的類型，因為期限快到了，才會導致緊急性提高。因此，平日就該利用空檔處理①的工作，才不會讓工作越積越多。

③以客觀角度看待「重要性」

如果工作「重要性」的高低標準不明確，就無法清楚區分優先順序了。

「一個人能完成的工作」＜「一＋N人完成的工作」

「○分鐘之內完成的工作」＜「○分鐘以上才能完成的工作」

「預算未滿〇元的工作」＜「預算超過〇元以上的工作」

像這樣以任何人都覺得客觀的標準來分類工作，並安排其優先順序，就不會過於主觀。還有，優先順序的標準絕對不要與主管或後輩的標準有所差異。

我以前就知道這個方法，卻不知道關鍵在於「雙軸思考模式」，這個雙軸思考模式似乎也能運用於其他方面。

難易度與成效的矩陣圖

你說得沒錯。舉例來說，也能以「難易度」和「成效」的雙軸來安排優先順序。

這個矩陣圖的優先順序是依照下列基準來劃分。

「難易度低×成效高」的組合是第一優先要執行的事。你當然想趕快處理「難易度高×成效高」的工作，但我認為利用空檔再仔細踏實的處理這些工作反而比較

圖表8-2　難易度×成效矩陣圖

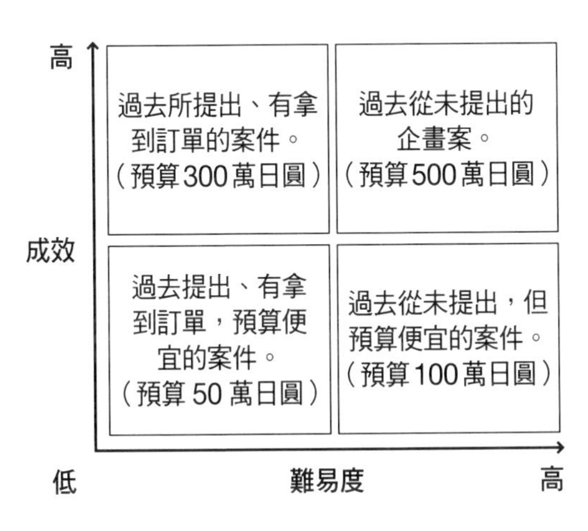

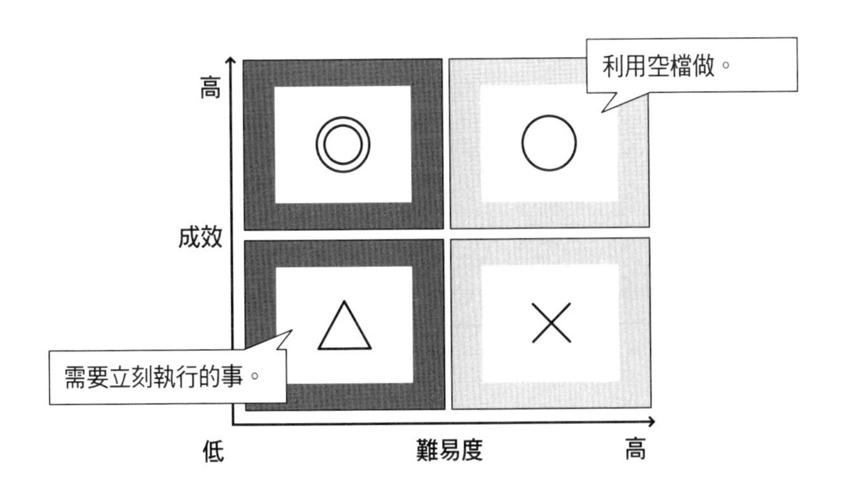

好。

接下來是「難易度低×成效低」的工作，像是回信、回電、整理辦公桌等，應該都屬於這類型的工作。這個象限區的工作或許看來成效低，但如果積沙成塔，也會造就高成效，因此還是要做，千萬不可馬虎或怠惰。

我懂了！

創造性與相關人數的矩陣圖

我再舉其他例子，也有像這樣的分類基準。以創造性與相關人數來分類，結果會是如何呢？

■ 例行工作：製作資料、日報等每天必做的例行工作

■ 非例行工作：第一次負責的工作

圖表8-3　創造性×相關人數矩陣圖

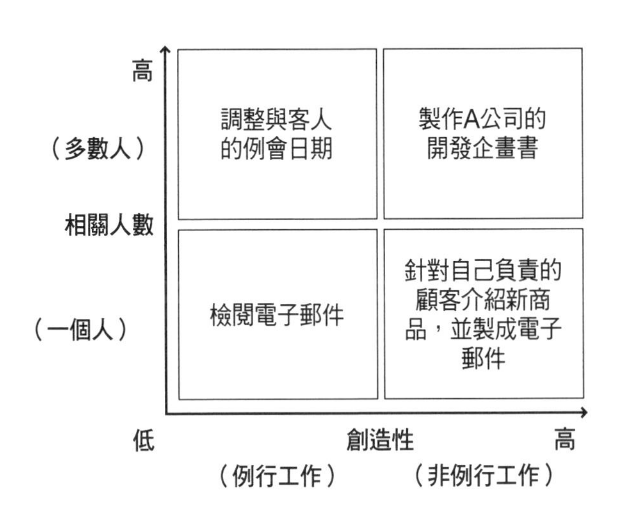

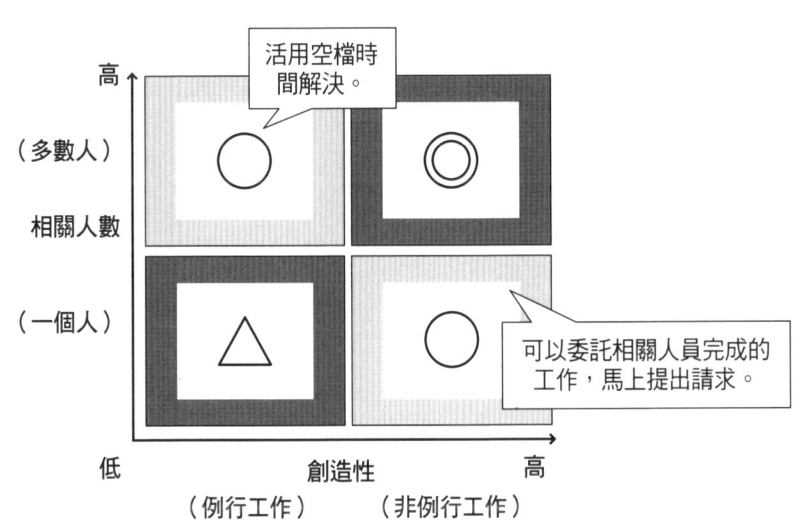

■ 個人：一個人可完成的工作（電話、郵件、製作資料、拜訪顧客等）
■ 多人：多數人合作完成的工作（多人一同拜訪顧客、開會討論等）

這個矩陣圖與「重要性×緊急性」矩陣圖極為相似，基本上是以與多數人有關的工作為優先。

重新看一遍後，完全理解了。所有工作都堆在我的手上，實在不好意思，不過，我心裡也很急。如果能夠像這樣頭腦清晰的分類出工作優先順序，就不用這麼焦慮了。

需要性與必要性的矩陣圖

另外，還可以製作需要性（WANT）與必要性（MUST）的矩陣圖，來安排工作優先順序。透過這個圖一看就知道要馬上處理必要性高的作業。

圖表8-4　需要性×必要性矩陣圖

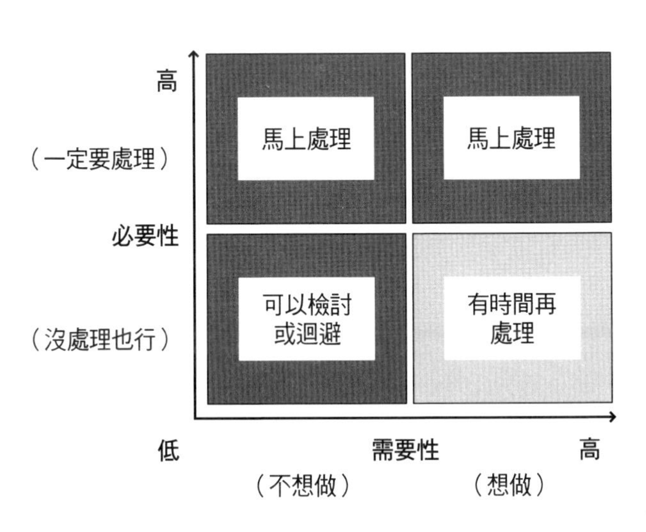

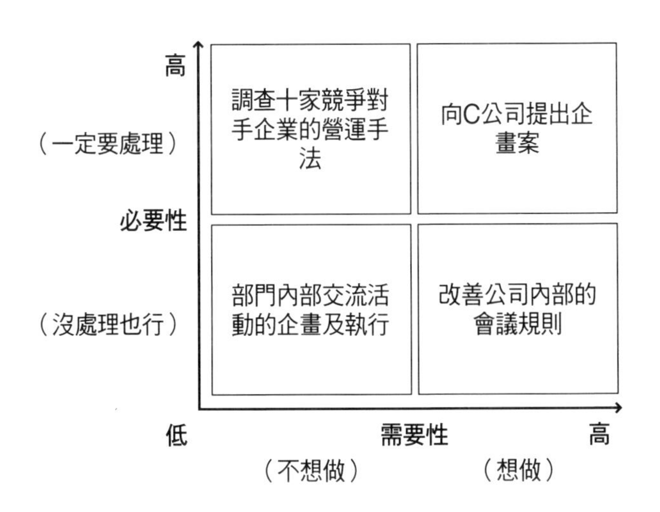

序。

除此之外，也能以「有時間再處理」（可以檢討或迴避）為基準，安排優先順序。

原來還可以透過各種關鍵字來處理工作！

我現在也學會如何安排工作的優先順序，而且不像以前只會依循一種固定準則來安排，工作起來也變得更有靈活性。

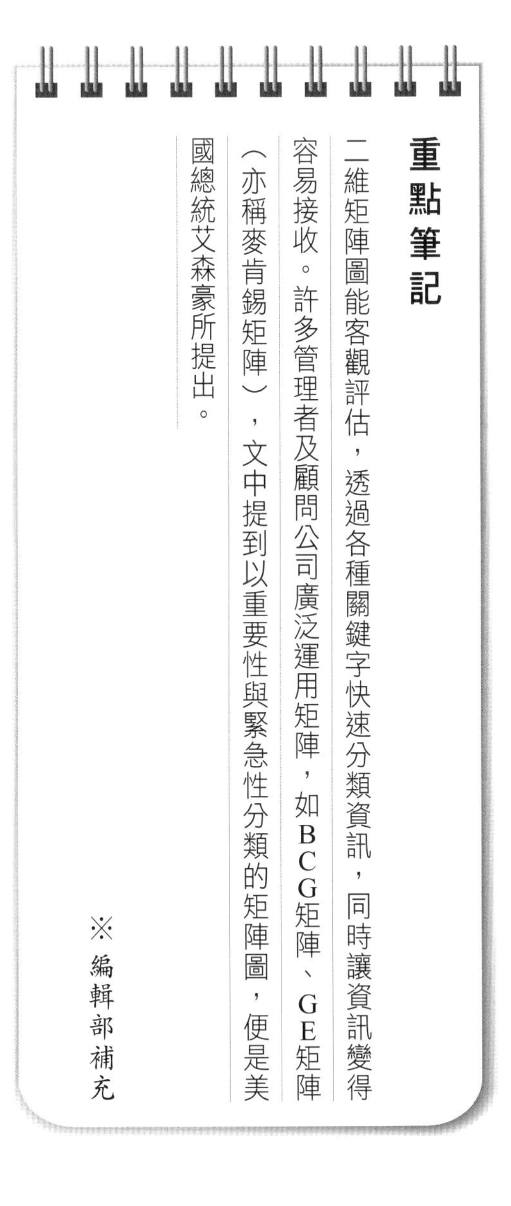
重點筆記
二維矩陣圖能客觀評估，透過各種關鍵字快速分類資訊，同時讓資訊變得容易接收。許多管理者及顧問公司廣泛運用矩陣，如BCG矩陣、GE矩陣（亦稱麥肯錫矩陣），文中提到以重要性與緊急性分類的矩陣圖，便是美國總統艾森豪所提出。
※編輯部補充

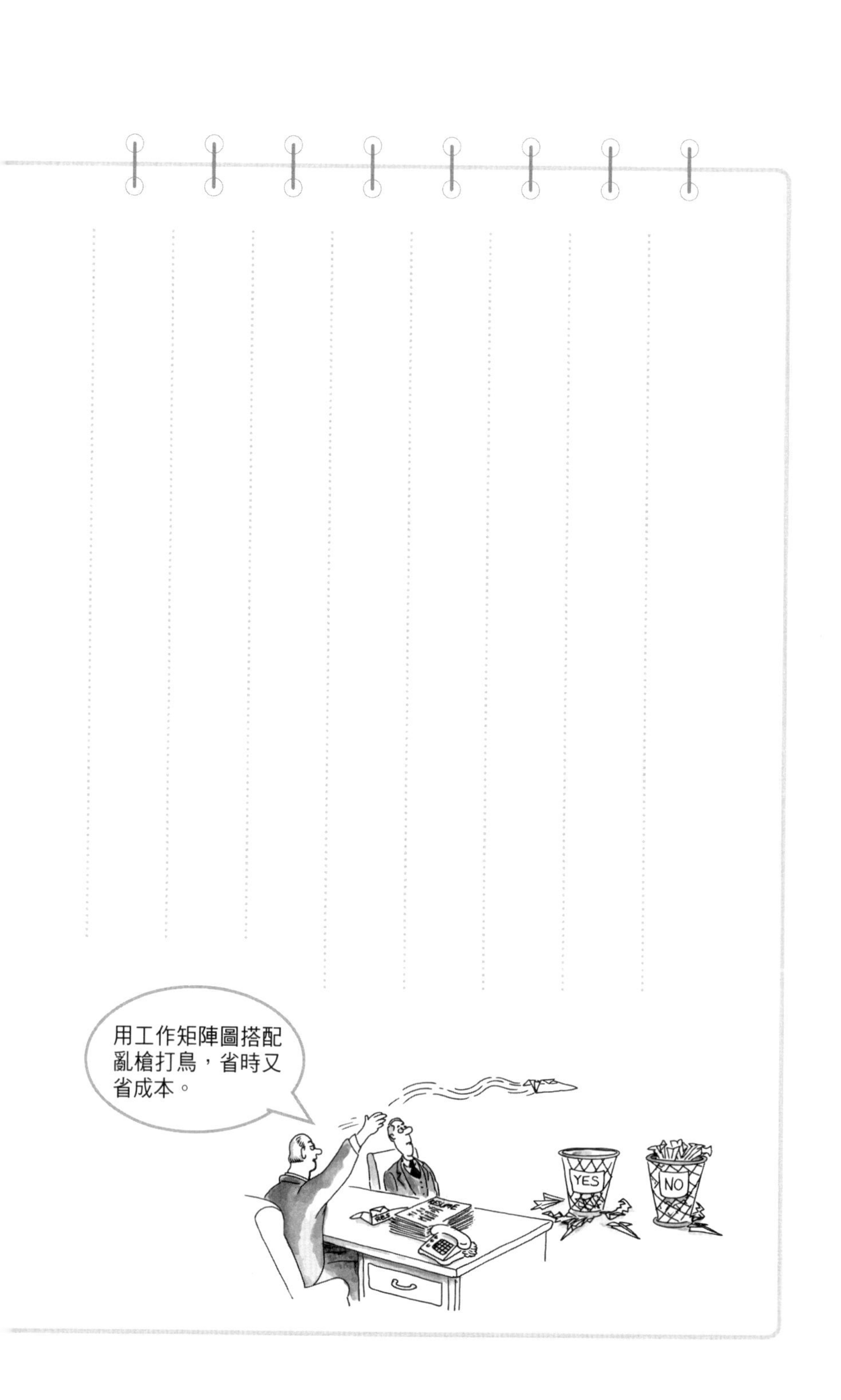
用工作矩陣圖搭配亂槍打鳥，省時又省成本。
RESUME
YES
NO

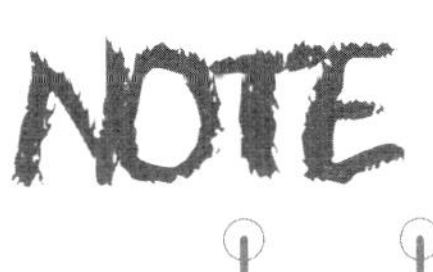
NOTE

用WSE現況整理法，評估工作難度

情境9

下班前，老是被主管臨時插入新工作

▼將意願、技術、經驗製成評估表，讓主管知道你的進度及困難

我自認很賣命工作，但要做的事情實在太多了，常常為了完成一項工作，拖延到其他工作，諸如修訂新版的部門手冊等，結果老被主管唸：「你還沒開始進行嗎？到底打算什麼時候才開始？」

就算鬥志激昂，卻老是被手邊的雜事糾纏，導致無法如期完成主管交代的事。

我也跟你一樣，整理資料、新事業企畫、參加讀書會等，許多事情等著我完成。會發生這種情況，就表示你安排工作優先順序與行程的方式需要改善，請試著以最原始的思考模式，從著手工作前開始整理問題。

關於這個問題，我以自我「Will」（意願）、「Skill」（技術）、「Experience」（經驗）三個主軸來擬定思考架構，請參考看看。

我聽過以兩項因素組成的「矩陣圖」，想不到這次竟用到三項。

這只是例子而已。在設計思考架構時，重點正是「組合」。

①「Will」（意願）＝有／無工作熱忱
②「Skill」（技術）＝有／無執行工作所需的技術
③「Experience」（經驗）＝有／無經驗

將三項因素加以組合，共能得出八種類型。我取各項英文單字的第一個字母，稱這個方法為「WSE」。

以WSE法則為依據，整理目前的工作就可以解決問題嗎？我現在寫下了必須處理的工作（包含想做的事）。因為機會難得，也順便寫了我個人想做的事。

謝謝你的合作。那麼，以WSE法則整理後，感覺如何？

我覺得組織不夠縝密。在技術方面，不太有自信的部分或不具備那項技能的部分，以△或×標示。經驗值方面，做過好幾次的事情畫◯，其他就是△或×。

接著請你嘗試分類。

A：Will、Skill、Exp每一項都是◯。

B：Skill方面具備某種程度，可是Will和Exp則較少。

C：有Will，但是Skill、Exp偏少。

B型工作很可能是因為我有意願，但技術和經驗不足而嫌麻煩懶得動，導致主管老問我：「什麼時候動工呢？」

如果是這樣，解決方法很簡單。方法就是提高技術、增加經驗值，或是尋求擁有技術或經驗的人協助，讓事情順利進行。

對於沒有意願（Will）的事，再仔細想想，那些事是否原本就是自己該做的事？或者不能再細分類的工作？對此，我認為

圖表9-1　用WSE法則整理工作事項

	要做的事	Will	Skill	Exp
B	① 製作會議用業務進度資料（三天以內）	×	○	○
A	② 製作A公司、B公司的估價單（五天以內）	○	○	○
B	③ 修訂部門手冊（半年以內）	△	△	×
A	④ 參加社外的商業讀書會（隨時）	○	○	○
C	⑤ 學英語（目標：TOEIC 850、一年以內）	○	×	△
C	⑥ 為了立定新業務的調查資料（隨時）	○	△	△
C	⑦ 籌備朋友婚禮後的派對（四個月後）	○	△	○
C	⑧ 每個月閱讀十本書	○	×	○

付諸行動很重要。譬如「製作會議用業務進度資料」事項，雖然心裡想著要做，但你可能會因為覺得「這是一件大工程，做起來很麻煩」而一點意願也沒有。不過，你已經擁有這方面的技術和經驗，就算一天只做五分鐘也行，每天做一點，或許能在會議前完成資料。我認為這跟意願高或低無關。

你說的對……以WSE法則加以整理自己每天想做的事後，整體狀況真的變得很清楚，也知道該如何處理每項工作。

沒錯，當主管問你的工作進度時，還可以交給他左頁圖表，並告知你的處理方針，如此一來他就不會老問你：「還沒開始嗎？」就算他想唸你，看了你交出的工作流程表，也不會再說什麼了。

圖表9-2　依照意願與能力思考解決辦法

要做的事	Will	Skill	Exp	如何處理？
① 製作會議用業務進度資料（三天以內）	×	○	○	每天處理一些進度，沒有工作意願的工作要事先規畫進度。
② 製作A公司、B公司的估價單（五天以內）	○	○	○	想到提早一天完成，能早日拿到訂單，就會賣力工作。
③ 修訂部門手冊（半年以內）	△	△	×	先與主管或相關人員討論進行方式及修訂重點。
④ 參加公司外部的商業讀書會（隨時）	○	○	○	想參與的時候，隨時都能參加。
⑤ 學英語（目標：TOEIC 850、一年以內）	○	×	△	先背單字及學習實際運用單字的方法，可以請教公司的前輩。
⑥ 調查立定新業務的資料（隨時）	○	△	△	向擅長調查資料的前輩或主管討教祕訣。
⑦ 籌備朋友婚禮後的派對（四個月後）	○	△	○	向擅長企畫活動的人尋求協助，或者全部委託對方，你就處理所有的瑣碎小事。
⑧ 每個月閱讀十本書	○	×	○	學習有效率的閱讀方法。

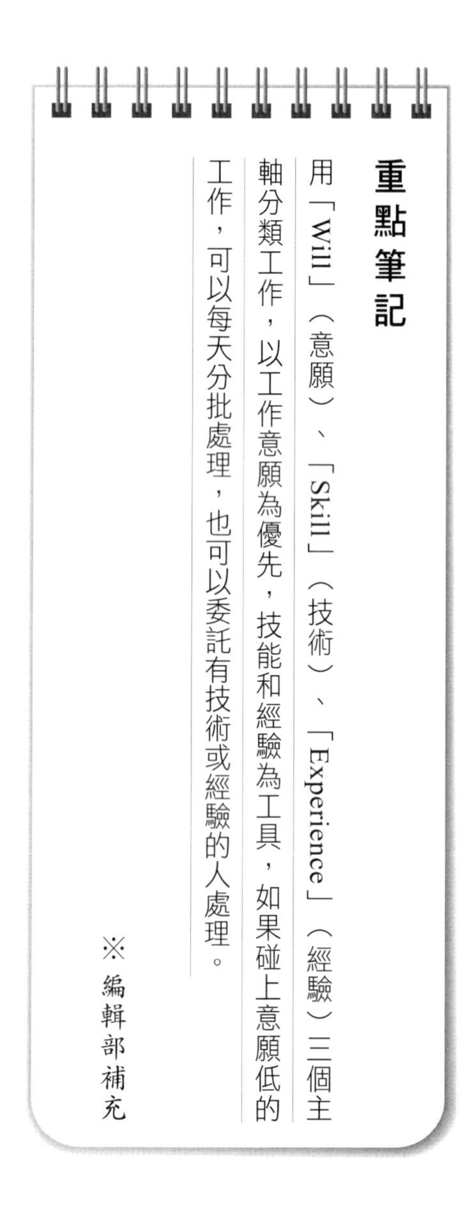
重點筆記
用「Will」（意願）、「Skill」（技術）、「Experience」（經驗）三個主軸分類工作，以工作意願為優先，技能和經驗為工具，如果碰上意願低的工作，可以每天分批處理，也可以委託有技術或經驗的人處理。
※編輯部補充

NOTE

第4章

不太會拿捏工作分配，導致合作時總是引起爭議

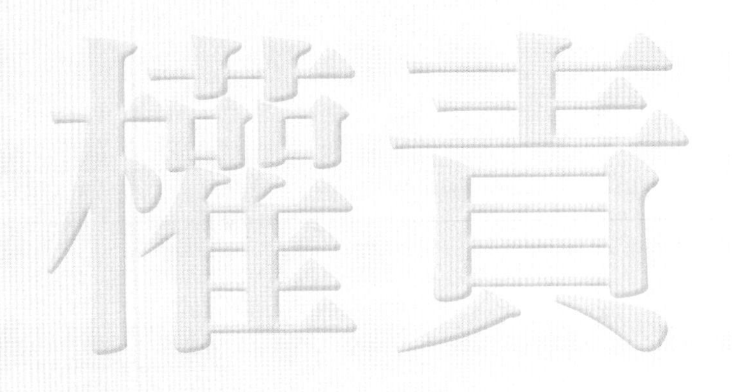

專案管理界常用RACI圖，釐清權責分配

情境10

與別部門合作溝通不良，主管唸我：「你以為自己能搞定嗎？」

▼分出執行者、說明者、諮詢者、被告知者四種對象，製作檢核表以免遺漏

我負責籌備明年新人研習的企畫活動，在過程中，我覺得跟其他部門的人及委託講師的聯絡溝通最讓人頭痛了，不曉得為什麼總是無法順利傳達我的想法。

而且好像還讓主管以為我想一個人包辦所有的事，他說：「你以為自己就能搞定嗎？」其實我很想告訴他：「不是那樣的！」但就是無法解釋清楚。

看起來真慘啊！我跟你一樣，也有過很多次的失敗經驗。

儘管想事先設定進度，一邊執行一邊向主管逐一報告，卻不曉得為何進度會在某人身上停頓下來，或是其他部門的人對我說：「我沒收到這個訊息。」

情況確實如你所說的，執行日一分一秒逼近，作業卻毫無進展。我明明已經把工作列成清單瀏覽過了，思緒還是一片混亂。

以後可能還會發生相同情況。然後，你會陷入不斷檢討、討論的惡性循環當中。

主管

誰負責向董事說明？難道是我？還要討論會議資料，你要盡快完成。內容不能跟去年度相同。

研習公司

這次預定招募多少新人？
男女比例是多少？
何時交出資料比較妥當？

總務部

要辦研習活動，一個月前就該申請會議室了吧？

為了不要陷入上述窘況，不能只列出工作清單，還要製作所謂的「工作分配一覽表」，而且每個相關人員都該擁有一份這項資料。

你聽過「RACI」概念嗎？

沒聽過，那是什麼？

「RACI」概念是專案管理界常用的一種思考模式，是一種權責分配概念，由下列四個英文單字的第一次字母縮寫而成。現在就以這個概念為基礎，整理新人研習企畫案的工作分配。

首先是Responsible（執行者），這部分就是你負責。

是的。基本上我負責管理所有工作。

第二個是Accoutable（說明者）。就是負責說明工作內容、明確劃分權責的人。不必勉強別人負責這項工作，由執行者兼任也行。因此，這次的情況，你同時也是說明者。

Responsible（執行者）	負責工作的人
Accountable（說明者）	負責掌握並說明狀況的人
Consulted（諮詢者）	進行工作時的諮詢對象
Informed（被告知者）	共享資訊的被告知者、必須知道整件事情的人

第三個是Consulted（諮詢者）。這次執行工作的過程中，你認為該找誰諮商呢？

這次的諮詢者是我的主管山本先生，以及委託安排課程的研習公司承辦人東原先生。

最後是Informed（被告知者）。一定要事前就想好哪些人必須知道相關訊息。

必須提供訊息給管理研習會場，也就是管理本公司會議室的總務部。

我依照你剛剛的答案整理成圖表，如一三九頁與一四〇頁。

接著，依照相對應的內容將工作分配好，並整理成圖表10。圖表中的標示「◎=該項工作承辦人」、「〇=相關人員」，像這樣事先標示清楚每項工作的承辦

Responsible（執行者）　負責工作的人

我負責跟周遭人一起推動所有工作。

溝通研習部分由佐藤負責，要向他確認。

Accountable（說明者）　負責掌握並說明狀況的人

我負責事前向新進員工說明這次的研習課程。

向董事說明時，希望負責補充的山本先生（主管）也能一起出席。

Consulted（諮詢者） 工作進行時的諮詢對象

Informed（被告知者） 共享資訊的被告知者、必須知道整件事情的人

人，以及哪些工作需要諮商或告知訊息，工作權責就一目瞭然了。

確實如此！我突然想到，這些圖表還可以當成溝通工具使用。

當我請求主管協助時，就可以拿給他看，主管一看就會說：「這項工作必須由我來做吧？」自然就會明白每項工作的責任歸屬，不會因為權責分配不清而拒絕協助。

如你所說的，溝通不只用說的，事

圖表10　釐清權責的RACI工作分配表

主要工作	自己	主管	研習課程委託公司	總務部
製作活動企畫書	◎	○	○	
設定流程	◎	○	○	
製作預算計畫書	◎	○	○	
申請預算	◎	○	○	
預約場地	◎			○
製作詳細課程	○	○	◎	
送交訂單	○	○		◎
準備研習用品、教材	○	○	◎	
營運研習課程	○	○	◎	○

前將重點視覺化、整理成圖表也是不可或缺的工作。同時，這些圖表還可以當成說服工具使用。

在工作準備階段，先製作好RACI圖分配工作，就能跟相關人員合作愉快。

重點筆記

RACI圖是密蘇里大學Bloch校區的企業及公共行政部門主席李・波曼（Lee Bolman），與南加大教育臨床診斷教授麥倫斯・迪爾（Terrence Deal）提出的權責分配概念，又稱為「銳西矩陣」或「銳西法則」。清楚列出一項工作中所有參與者的角色和責任，能夠避免權責不分導致工作互相推託的狀況。

※編輯部補充

NOTE

學心理學家用溝通矩陣圖，分析對方性格與對策

情境11

不知為何，就是跟「那個傢伙」八字不合

▼破解勇往直前型、小心翼翼型、領導型與掌控一切型等個性！

最近覺得跟經常往來那間公司的課長合不來。

你所謂的合不來，是指什麼樣的情況？

拜訪對方時，他會耐心聽我說話，還對我說：「請你多多提案。」前幾天我終於對他提出新商品方案，他卻說：「這些新商品很好。不過，這部分我也很難做出任何決定。還有，我也不曉得這些商品是否能有等值的效果。嗯……這個嘛……並不是我不滿意你的商品，畢竟你都這麼提出了，你懂我的意思吧……。」他一直找理由搪塞。

我聽了很心急，語氣充滿焦慮的對他說：「答案是YES或NO，可否請你早日告知……我也有每個月的業績壓力，雖然你口頭說『好』，卻擔心這、擔心那，我不認為你的答案是真的『好』……。」

原來如此。我懂你的心情。

到最後我很想放棄，便對那位課長說：「可以請你再重新考慮看看，我會找時間再與你聯絡。」而他回答：「好的。如果有其他好點子，非常歡迎告訴我。」那次的交易就這樣結束了。

當遇到這樣僵持不下的狀況，我會主動慢慢的跟客戶保持距離，認為「對方跟自己合不來」、「我們公司的商品明明很好，對方卻遲遲不肯做出決定。」

確實會有這種的情況發生，我平常跟新客戶交易時，也曾遇到對方老是說會考慮，但就是不肯下訂單。

以前我以為是性格問題，結果狀況依舊沒有改變。所以，我改變思考方式，終於想通了，配合對方的思路與溝通方式傳達並製作資料，就會變得很有效率。

我仿效美國精神科醫生威廉·葛拉瑟（William Glasser）所提倡的選擇理論，改變自己的思考模式，而不是等著對方改變。我實踐這個方法後，工作也跟著變得順利。

我有察覺到因人改變做法的道理，不過人有百百種，如果要一一了解，再改變自己的思考模式，可能要花數十年時間啊⋯⋯。

1. 溝通矩陣圖

為了讓你以最簡單的方式掌握溝通類型，我以雙軸矩陣圖將溝通類型分為四大類，此圖稱為溝通矩陣圖。

①主張類型軸：協調．輔佐型↔獨立．領導型

②行動速度軸：謹慎型↔速戰速決型

首先，把你自己或是需要經常溝通的對象、想透過工作改善關係的人試著分類，用個人主觀的判斷也沒關係。再參考下圖，看看讓你苦惱不已的客戶公

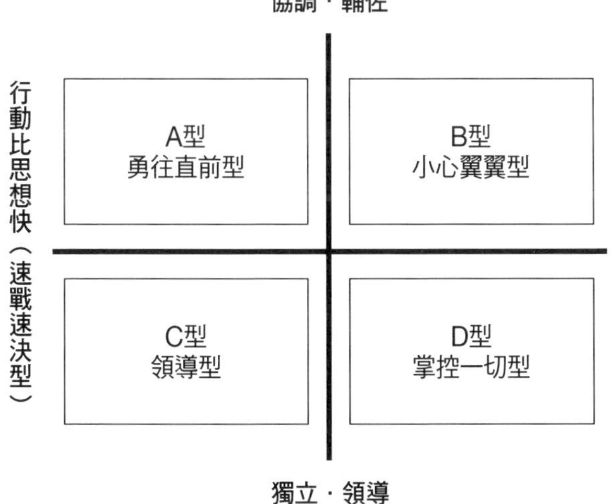

司課長屬於哪一類型。

這是不讓溝通出現障礙的思維整理術，因此可以是假想情況，不必是確實事件。

他老是叫我多多提案。
「可是」是他的口頭禪，總是謹慎思考。
我認為他應該是「小心翼翼」的B型。

接下來一起想想，面對各類型人物時，該如何具體因應？

■ A：勇往直前型（有協調性且速戰速決型）

這類型的人多半能夠很快做出決定，如果沒有先告知結論、簡潔溝通，他會沒耐心聽你說話。再者，他不喜歡孤軍奮戰，偏好「大家一起完成工作」的合作氣氛，告訴他別人的稱讚，他會心花怒放，更容易相處。

圖表11-1　主張×行動速度的溝通矩陣圖

協調、輔佐

行動比思想快（速戰速決型）

行動前要三思（謹慎型）

A型 勇往直前型

- 先說結論，再清楚告知工作內容。
- 這類型的人很在意人際關係及大家對他的評價，你要積極稱讚他。

B型 小心翼翼型

- 不求馬上有結論。
- 擔心風險，諮詢時最好對他說：「如果擔心會有這樣的問題，這麼做就能解決。」事先提出預防對策及因應對策，讓他安心。

C型 領導型

- 這類型的人會一直發言，千萬不要否定他的話。
- 有時候不會考慮後果，只是一味往前衝，一直說：「總之就做吧！」、「先做了再說！」因此，在執行工作時務必先確認全盤狀況及作業流程，再採取行動。

D型 掌控一切型

- 諮詢時，記得準備參考資料（文件或電子郵件等），條理分明的說明。
- 這類型的人不希望自己比對方出鋒頭，他喜歡在背後支持當事人，樂當輔佐的角色，你要表現出需要他協助的氛圍，促使他全力以赴。

獨立、領導

■B：小心翼翼型（有協調性且謹慎型）

如果你急著向他問：「該怎麼辦才好？」想趕快得到結論，他可能會覺得很困擾。這類型的人很怕面對問題，如果能在諮詢前就告訴他：「雖然有這方面的問題，但只要這麼做就能避免問題發生。」事先提出預防問題的對策或解決對策，就能讓他安心。

■C：領導型（有領導力且速戰速決型）

這類型的人會自己掌握主導權，推動事務進行。他會將工作分段快速進行，但這其中也會蘊藏未認清全盤狀況就衝動行事的風險。跟這種人共事時，欣賞他的工作熱忱之餘，你必須保持冷靜的頭腦，隨時抱持批判的態度看待全局，並且在心裡問自己：「這樣工作有確實進行嗎？」、「其他人的工作量會不會太多？」。

■D：掌控一切型（有領導力且謹慎型）

這類型的人大多數都會經常檢視全盤狀況（工作進度、成員的心情、關於業務提案的整體流程），所以不能只對他口頭報告，還要經常寄送郵件或上呈資料，他知道所有訊息便能安心。這類型的人喜歡拉攏身邊人成為自己人，在共事時只要表現出畢恭畢敬的態度，就可以讓事情進行得更順利。

原來如此。我在諮商時，確實從未跟客戶說過「雖然有這方面的問題，但只要這麼做就能避免問題發生」諸如此類讓對方安心的話。

既然這樣，當你與那位B類型課長接洽時，

他對你說：「可是、可是……」時，就先接受他的意見。

記得一開始就在資料中列出「他所擔心的事項及解決方法」，把情報視覺化讓他感到安心。

採取這樣的溝通方式，或許情況能有所改善。

2. 大腦類型與行動速度的矩陣圖

再來，介紹其他類型的溝通矩陣圖，也有像是以下關鍵字分類的矩陣圖。你的主管屬於哪一類型？

①大腦類型軸：右腦型↔左腦型

②行動速度軸：謹慎型↔速戰速決型

我的主管絕對是A型。他的口頭禪就是：「結論是什麼？」、「為什麼那麼說？」希望馬上聽到合理的意見。

左腦型（偏向理論、分析、數學理解等）

行動比思想快（速戰速決型）

A型 講求合理， 行事速決型	B型 分析思考型
C型 乘勝追擊型	D型 事事求好型

行動前要三思（謹慎型）

右腦型（偏向直覺、印象、圖像理解等）

原來你的主管是這樣的人。那麼，來看看該如何跟各類型的人溝通。如上頁圖中所示，一邊考量對方的行事速度，判斷對方屬於「理論派」或「直覺派」，再採取適當的溝通方式，就能讓事情順利進行。

對於A型人，基本上採取「先說結論，對方要求其他情報時再提出即可」的溝通方式。像是我在蒐集資料時，會針對對

圖表11-2　大腦類型×行動速度的溝通矩陣圖

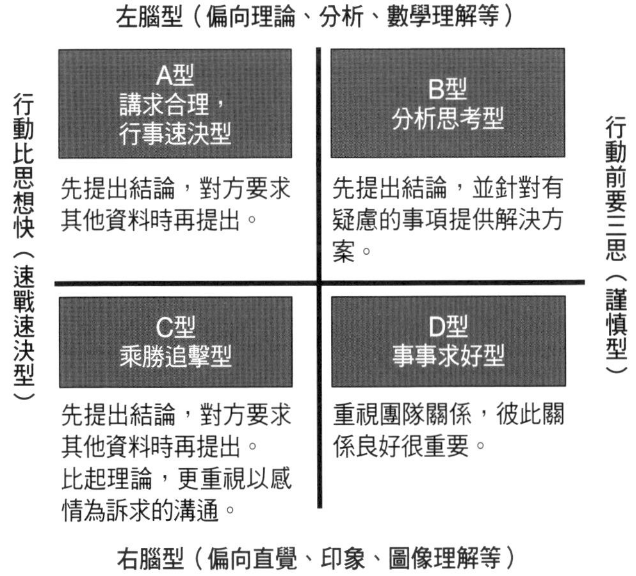

左腦型（偏向理論、分析、數學理解等）

行動比思想快（速戰速決型）

行動前要三思（謹慎型）

A型 講求合理， 行事速決型	B型 分析思考型
先提出結論，對方要求其他資料時再提出。	先提出結論，並針對有疑慮的事項提供解決方案。
C型 乘勝追擊型	D型 事事求好型
先提出結論，對方要求其他資料時再提出。 比起理論，更重視以感情為訴求的溝通。	重視團隊關係，彼此關係良好很重要。

右腦型（偏向直覺、印象、圖像理解等）

方的性格特質，製作讓對方滿意的文件。

曾有某家大型廣告公司的業務告訴我：「企畫資料絕對不要用釘書機釘起來。」因為在溝通時，我們會配合對方需求，當場重新組織思維邏輯，再加上隨時都要找出對方想要的資料，如果釘起來，就會不方便。

以合適的思考模式與他人溝通也是如此，就算面對要求完美的主管，也能提出具說服力的文件，並且得體的溝通。配合對方溝通應該也能贏得對方認同，獲得「肯定」的答案。

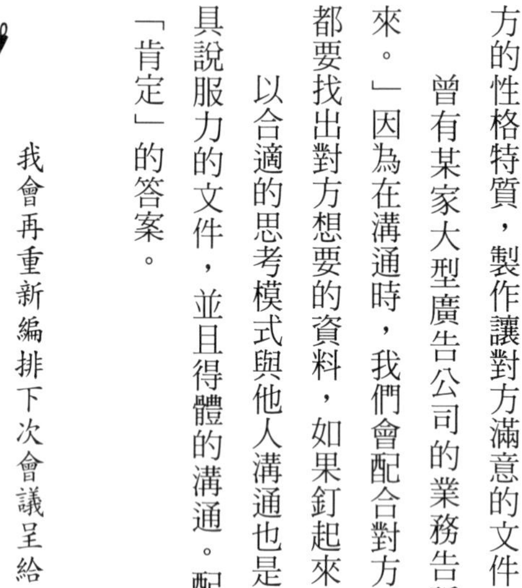

我會再重新編排下次會議呈給主管的文件架構。之前我都會準備好幾種資料，但是總會有不夠簡潔的問題，內容又多又長。

今後，我會努力配合對方的溝通方式，明確表達出我想說的意思！

■準備資料時……

左腦型（偏向理論、分析、數學理解等）

右腦型（偏向直覺、印象、圖像理解等）

行動比思想快（速戰速決型）

行動前要三思（謹慎型）

A型
講求合理，
行事速決型

■ 報告內容盡量濃縮為一張，只講重點。
■ 其他資料當成參考資料，弄成其他檔案交出也行。

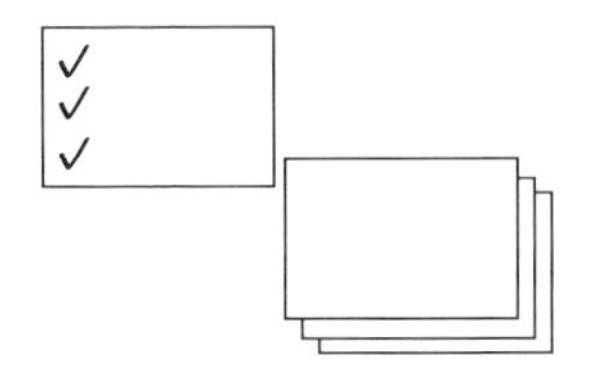

B型
分析思考型

■ 他所擔心的事項和解決方法要一併提出。
■ 參考連環畫或小說的情節，依順序整理資料。

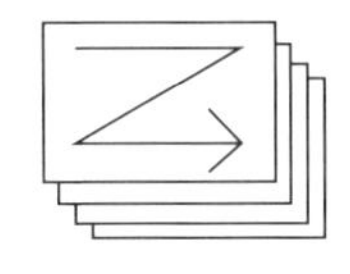

C型
乘勝追擊型

■ 報告內容盡量濃縮為一張，只講重點。
■ 內容盡量圖像化，少用文字。
■ 其他資料當成參考資料，弄成其他檔案交出也行。

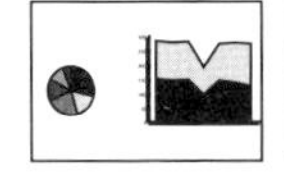

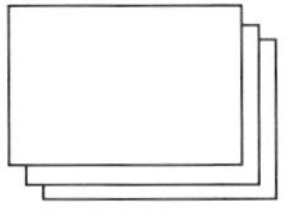

D型
事事求好型

■ 少給資料，多製造見面機會。

重點筆記
與其等待對方改變，不如自己配合對方的思路和溝通方式，工作就會變得很有效率。威廉・葛拉瑟醫生從事心理學和心理輔導五十多年，他提出選擇理論十大公理，希望每個人都做自己的主人，而不是被動受到外在刺激。透過改變想法，再用關鍵字和矩陣分類對象性格，就能找出合適的應對方法。
※編輯部補充

這個東西毛茸茸的
又長角，是溫馴還
是有攻擊性？弄得
我好亂啊～

第5章

被逼著提案，但就是想不出獨特的點子

用SCAMPER奔馳法，無限擴大想像力

情境12

每天都在想點子，頭腦快被榨乾

▼代替、統合、適用、修正、轉為其他用途、刪除、重新排列七方法

我在飲料製造公司上班，負責商品企畫及開發，昨天在會議中也如同以往一樣被主管指責：「能不能提出更有趣的點子？」只是我每天都在想點子，想到都快瘋了。

要想出讓大家驚嘆，發出「哇！」的妙點子，確實是很不容易。我也常被說：「有沒有新點子啊？」但就是沒有靈感。反而有時候明明已經腸枯思竭了，卻突然冒出好點子。

真的是這樣！如果靈感能夠常常降臨就好了，但是這件事相當不容易啊。

當你遇到這樣的瓶頸時，建議你不妨使用鮑伯・伊瓦爾（Bob Eberle）所提出的創意思考法

圖表12　SCAMPER奔馳法7重點

① 代替（Substitute）	能否替換？
② 統合（Combine）	能否整合？
③ 適用（Adapt）	能否實際應用？
④ 修正（Modify）	能否修正？
⑤ 轉為其他用途（Put to other use）	能否改變使用方法？
⑥ 刪除（Eliminate）	能否刪除？
⑦ 重新排列（Rearrange）	能否重新排列或上下顛倒？

則──SCAMPER奔馳法來動動腦，或許能想出好點子。

這個思考法是修改了艾力克斯・奧斯本（Alex Osborn）所提倡的腦力激盪法（Brainstorming），提出以下七個激發靈感的重點。

假設現在要開發新的運動飲料商品，請試著利用這個思考法則想出新點子。

1. 代替：嘗試以其他物品代替

這項要點在於如果替換了人、時間、地點、方法、形狀或品質等，產品會變成什麼樣子？最近市面上就出現許多大尺寸寶特瓶裝的運動飲料。

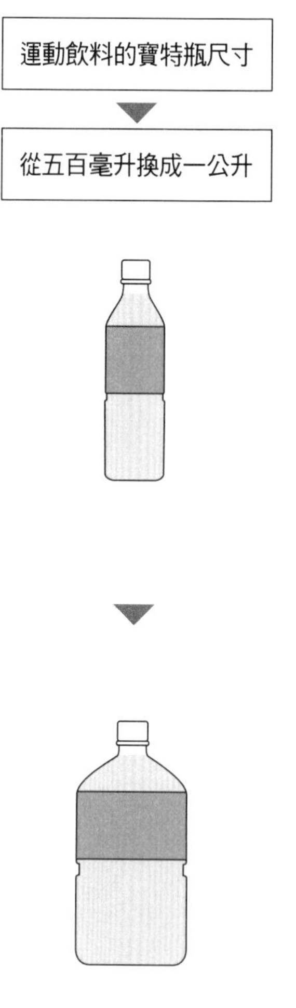

2. 統合：嘗試結合兩個以上的物品

此項要點指的是，產品能不能有其他的組合方式？以及組合後能否創造出相輔相乘的效果？像是最近經常看到，結合真實與虛擬平台的宣傳方式即為一例。

運動飲料＋網路服務的
推銷組合

利用專屬網站就能得到獨家的
運動飲料

3. 加入：試著加入某樣事物（佔商品的一部分或全部）

就如字面意義，靈感來源來自在商品中試著增加功能或物品。例如在飲料裡添加新成分，「添加碳酸的運動飲料」商品就這樣誕生了。

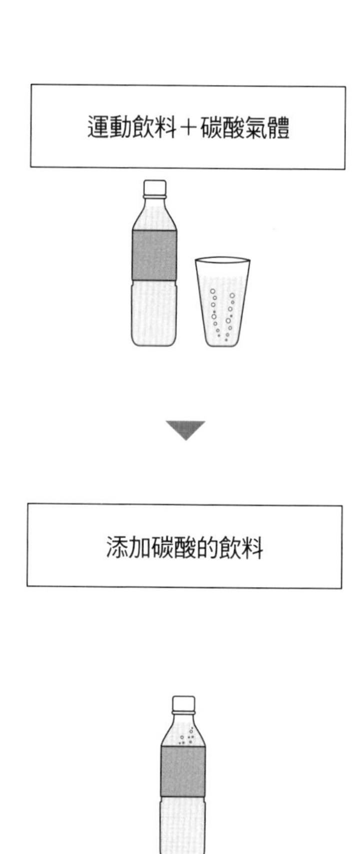

4. 修正：嘗試修正（是否能夠改善部分或全部內容）

以第③個要點為基礎，嘗試修正飲料構成元素（例如：顏色、氣味、口感等）。

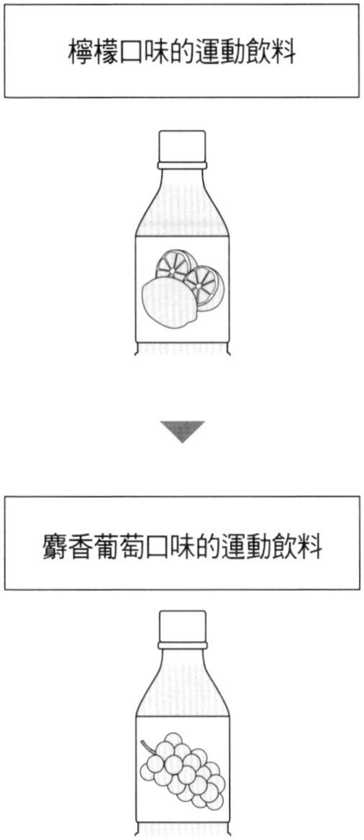

檸檬口味的運動飲料

▼

麝香葡萄口味的運動飲料

5. 轉為其他用途：嘗試其他使用方法或目的

改變商品的使用方式或目的，就會出現像把「運動時喝的飲料」改為「身體不適」或「用餐中」喝的飲料等其他點子。將成分轉為其他用途，說不定還可以開發出新的肌膚保養品。

運動時喝的飲料

▼

身體不適時喝的保健飲料

6. 刪除：嘗試除去某些東西

這是讓商品更簡化，去除多餘部分的方法。譬如，可能因不貼標籤大幅降低製作成本。

喝完後不用再將標籤撕掉

將字直接印在寶特瓶上，
減少設計的成本支出

7. 重新排列：嘗試重新排列或上下顛倒

將功能或元素重新配置，或是以逆向思考操作，搞不好就能開發出芳香劑新商品。譬如把書原有的「閱讀」功能變成「裝飾」功能，就可能開發出家飾功能的書本。

逆轉原本的飲用功能（＝不喝）

▼

當成芳香劑使用

依照這樣的思考模式，確實能想到許多好點子呢！

我認為腦力激盪的基本原則是四則運算，也就是思考要將哪些東西「加」、「減」、「乘」、「除」。這個方法不只適用於商品開發，籌備活動或業務工作也能派上用場，讓你想出更多點子。

想讓事情變得有趣，就想想能否針對各項變數進行四則運算，擴展創意範圍。

舉例：居酒屋＝許多人聚在一起聊天＋喝酒＋店員招呼客人

↓

個人獨享＋喝酒＝個人專屬的私人居酒屋

許多人聚在一起聊天＋喝酒－店員招呼客人＝自助型居酒屋

像這樣，只要將各項變數重新組合，就會浮現出許多點子及創意。

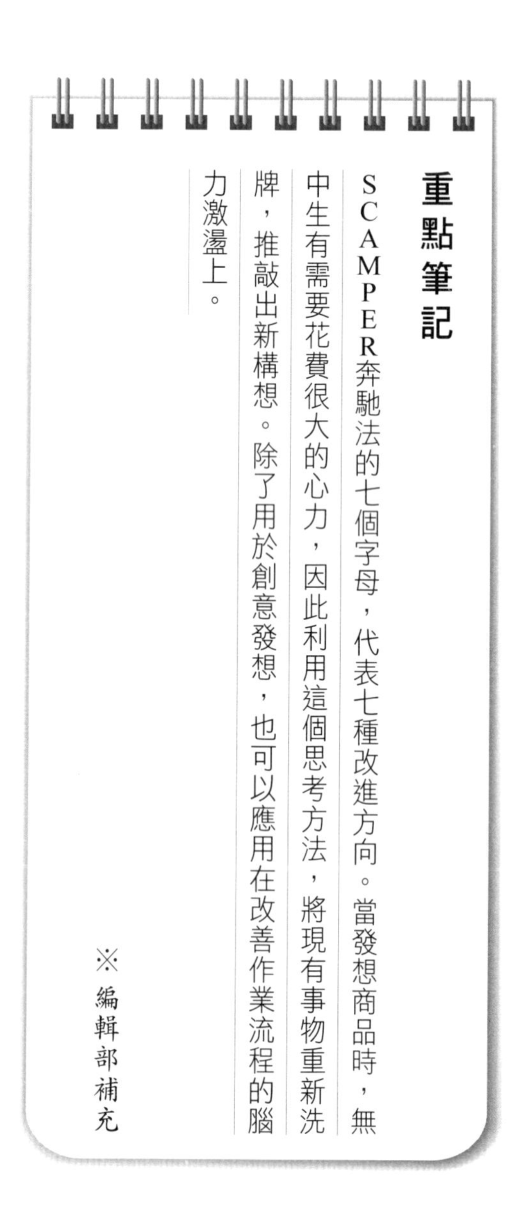
重點筆記
SCAMPER奔馳法的七個字母，代表七種改進方向。當發想商品時，無中生有需要花費很大的心力，因此利用這個思考方法，將現有事物重新洗牌，推敲出新構想。除了用於創意發想，也可以應用在改善作業流程的腦力激盪上。
※編輯部補充

NOTE

用麥肯錫SWOT分析法，整理現況並思考競合策略

情境13

主管要我想辦法打出一條血路，但談何容易？

▼找出產品的優勢、劣勢、機會、威脅四象限，你的思路就能打開

我現在任職於IT產業專業貿易公司，負責規畫開拓新業務的計畫，工作內容是整理目前的營業狀況，並考量營業額是否有再成長的空間。由於主管指示我：「你有好好瞭解我們公司嗎？先仔細分析其他公司及市場的情況吧。」結果我越分析，思緒就越混亂。

請問有沒有什麼好方法，可以讓我清楚理解現況，又能想出滴水不漏的完善策略呢？

我知道你在煩惱什麼。想全盤瞭解自家公司狀況，SWOT 分析法是代表性的思考工具。這次就採用這個方法來試著掌握現況。

SWOT 是 Strength（優勢）、Weakness（劣勢）、Opportunity（機會）、Threat（威脅）四個英文字的縮寫，基

圖表13-1　SWOT分析法

內部環境及因素		外在環境及因素	
S	優勢（Strength） 相較於其他公司，自家公司擁有的有利條件為何？	O	機會（Opportunity） 對自家公司而言，有利的市場或環境變化為何？
W	劣勢（Weakness） 相較於其他公司，自家公司擁有的不利條件為何？	T	威脅（Threat） 對自家公司而言，棘手的市場或環境變化為何？

本上就是針對公司內部環境，以及外在市場與環境的優勢及劣勢進行分析，思考如何抓住機會及因應威脅的一種方法。

譬如，針對以下條件或因素進行分析：

- 業界的市場規模
- 顧客需求
- 經濟狀況
- 營業額、市佔率
- 所得收益
- 營運能力
- 技術能力

我聽過SWOT分析法。那麼，我的公司就是處於左頁圖中的情況。

圖表13-2　用SWOT分析公司現況

	內部環境及因素		外在環境及因素
S	優勢（Strength） 相較於其他公司，自家公司有利的條件為何？ ■ 擁有全日本獨一無二，只有我們公司會生產的產品 ■ 國內企業當中，本公司的海外據點最多	O	機會（Opportunity） 對自家公司而言，何為有利的市場或環境變化？ ■ 隨著IT基礎設備的投資增加，連帶擴大了市場 ■ 日系企業的全球性商務量增長，業務機會也隨之增加
W	劣勢（Weakness） 相較於其他公司，自家公司不利的條件為何？ ■ 客戶集中在金融界、製造業 ■ 沒有與大眾有關的服務或商品	T	威脅（Threat） 對自家公司而言，何為棘手的市場或環境變化？ ■ 國外其他同業也進軍國內投資 ■ 開發國外市場的外包行情面臨低價競爭

統合優勢與劣勢，思考因應策略

接下來，分析內部環境及外在環境的優勢與劣勢，就能想出滴水不漏的完善策略。

我懂了，原來要先針對如何活用公司對外的優勢，或如何適應外在環境並克服劣勢，以此為原則整理思緒。

沒錯，我希望你參考下頁的例子，統合內部及外在的優勢與劣勢，想想該如何做。

擬定行動計畫

啊，覺得好興奮，應該會浮現出好點子！

圖表13-3　統合優勢和劣勢來思考策略

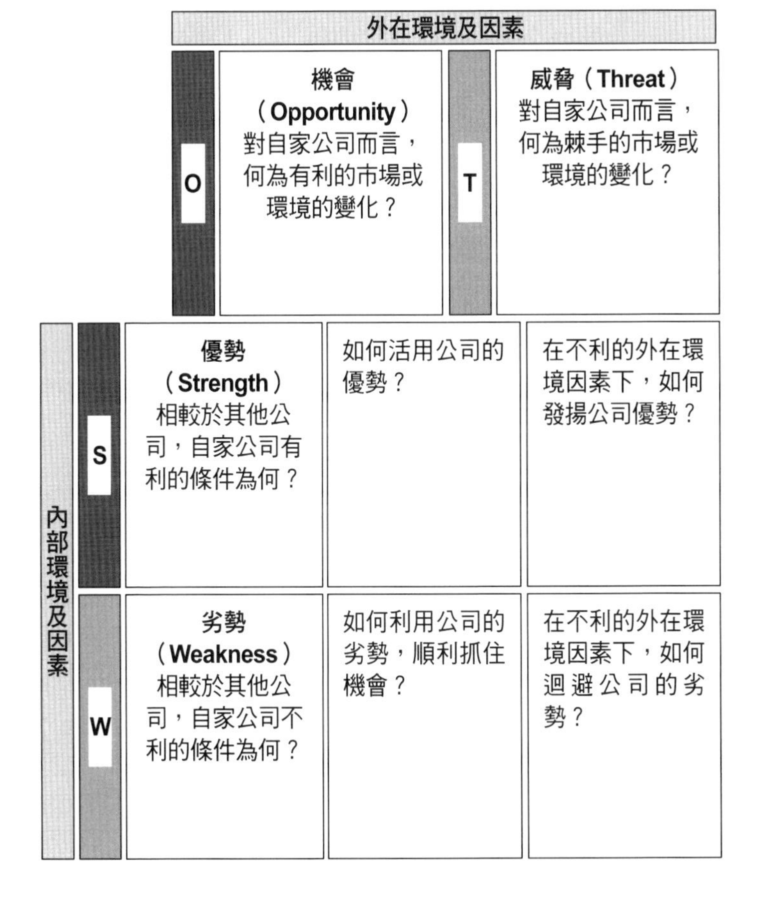

接下來，製作行動計畫表擬定各種方針。當然，也要設定好作業的優先順序。

啊，現況真的就是這樣！但不能探討到這裡就結束了。

是的。事實上基本策略就是要活化「自家公司優勢」，藉此確實抓住「機會」。

例如：

■ 新舊客戶皆可使用包含獨家產品在內的ＩＴ基礎設備方案，這一項該如何處理？

- 列出沒有買進自家公司獨家產品的新客戶及舊客戶
- 進行業務宣傳（限時打折優惠）
- 於自家公司網站標示出與其他公司有差異性的產品
- 於公司內部成立分享成功接單案例的讀書會

圖表13-4　公司現況的因應策略

			外在環境及因素	
			O	T
			■ 隨著IT基礎設備的投資增加，連帶擴大了市場 ■ 日系企業的全球性商務量增長，業務機會也隨之增加	■ 國外其他同業也進軍國內投資 ■ 開發國外市場的外包行情面臨低價競爭
內部環境及因素	S	■ 擁有全日本獨一無二，只有我們公司會生產的產品 ■ 國內企業當中，本公司的海外據點最多	■ 新舊客戶皆可使用包含獨家產品在內的IT基礎設備方案 ■ 針對國外業務方面，透過自家公司的海外據點確實爭取到訂單	■ 以獨家產品為主，吸引顧客，提高其他公司的競爭門檻 ■ 多加利用海外據點，就算利潤微薄，也要讓營業額增加
	W	■ 客戶集中在金融界、製造業 ■ 沒有與大眾有關的服務或商品	■ 組織通路部隊進軍其他產業，努力開拓新業務 ■ 開發大眾相關商務與OEM（由其他公司代為製造的產品）、代理銷售	■ 確實保住主要客戶的營業額，同時提升每位顧客的平均營業額單價，力保營業額不往下掉 ■ 檢討海外市場的開發（委託業務外包）中，哪些事務是自家公司無法處理的（要迴避的風險）

■針對國外業務方面，透過自家公司的國外據點確實爭取到訂單，這一項該如何處理？

- 調查日企的國外動向
- 了解顧客在國外拓展業務的動向
- 整理自家公司已經取得海外客戶訂單的案例，並與各業務承辦人分享訊息
- 多接觸在海外的其他日企公司社長（由自家公司當地的業務負責拜訪）

把思考架構簡化後，思路也變清楚了。

這套方法不僅適用於擬定企業的營銷策略，在籌畫商品或計畫自我職場生涯時，也能派上用場。

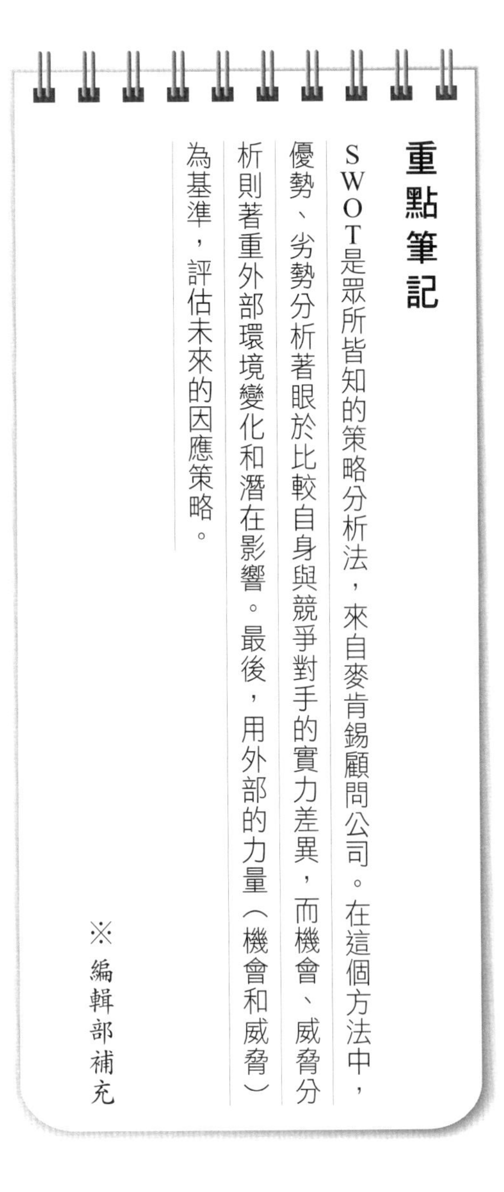

重點筆記

SWOT是眾所皆知的策略分析法，來自麥肯錫顧問公司。在這個方法中，優勢、劣勢分析著眼於比較自身與競爭對手的實力差異，而機會、威脅分析則著重外部環境變化和潛在影響。最後，用外部的力量（機會和威脅）為基準，評估未來的因應策略。

※編輯部補充

天啊！
發生什麼事？
他說：「要打造出一條血路，讓我流血還比較快。」

NOTE

學大前研一用3C分析法鎖定目標、4P分析法突破框架

情境14

怎麼想都只有「老梗」，連自己都快受不了

▼考量客戶需求，就能找到區隔市場

我現在任職的公司專攻開發智慧型手機的APP軟體，我是企畫部員工。由於最近市面上已經有非常多的APP軟體，我正在苦惱該如何做出差別。儘管我提了許多方案，主管還是說：「你覺得這個方案有與眾不同嗎？我總覺得好像似曾相識。」

先問你一個問題，假設你的公司開發兼販售手機，競爭對手會是誰呢？

競爭對手就是同樣從事手機開發、銷售的同業。

還有其他的嗎？

其他的？嗯……想不到了。

假設目標客群是高中生，誰會是競爭對手呢？

你是說鎖定使用者為高中生嗎？

是的。就這個情況來看，速食店很有可能就是競爭對手。

要跟朋友聯絡時，你可以選擇花一百日圓的通話費打電話，或是約朋友在速食店見面，點杯一百日圓的飲料坐在店裡聊天。如此一來，就清楚鎖定競爭對手了。

沒錯。沒有鎖定客群，可能真的會想不出有哪些競爭對手。

是啊，接下來我要介紹適用於分析狀況的一項工具「3C分析法」。「3C」是Customer（消費者）、Company（企業自身）、Competitor（競爭對手）三個英文字的縮寫。

使用此方法擬定策略時，要以自家公司為基礎，再從這三方面思考策略。

①消費者↓企業自身、競爭對手

調查目標消費者有何需求？該以何基準比較自家公司與競爭對手？

②企業自身↓競爭對手

想想自家公司的優勢，能夠對目標消費者提供什麼樣的服務，而且必須是競爭對手所缺乏的部分。

③企業自身↓消費者

利用自家公司的優勢，思考能提供什麼樣的企業價值回饋消費者？

消費者的需求是什麼？

3C分析法首先要思考的是：「消費者的需求是什麼？」

瞭解消費者有何需求，就能與競爭對手有所區別，找出優勢。比方說針對二十

圖表14-1　3C分析法重點整理

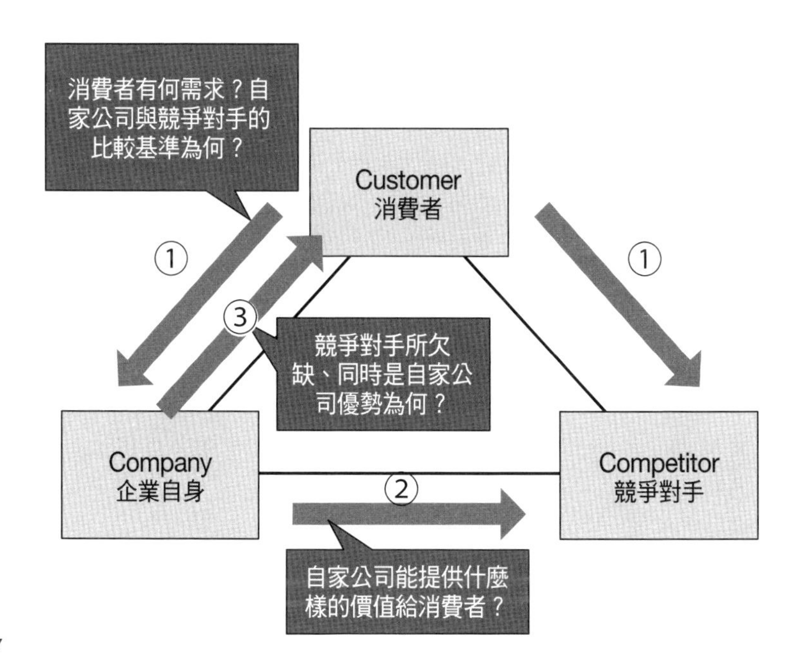

歲女性族群企畫APP軟體時，該採取什麼樣的方針？你的腦海裡會浮現出什麼樣的想法？

關於這個問題，我的想法是需要擁有二十歲女性族群實際且詳細的市場調查，假設她們的需求如左頁圖表所示，我認為公司推出的APP軟體應為「具備可愛相框裝飾功能的免費拍照軟體」，同時我還想到要與主要讀者群為二十歲女性的雜誌合作，進行宣傳活動。

3C分析法是一個簡單實用的策略規畫工具，不過在使用時，別忘了要全盤考量，確認是否符合現實狀況。

譬如，基於以下考量：

- 多數消費者希望是免費APP軟體
- 競爭對手也陸續推出多款免費APP軟體

提出「我們公司也要推出對手所沒有的免費APP軟體」的方針前，衡量下列

圖表14-2　用3C分析法分析APP市場

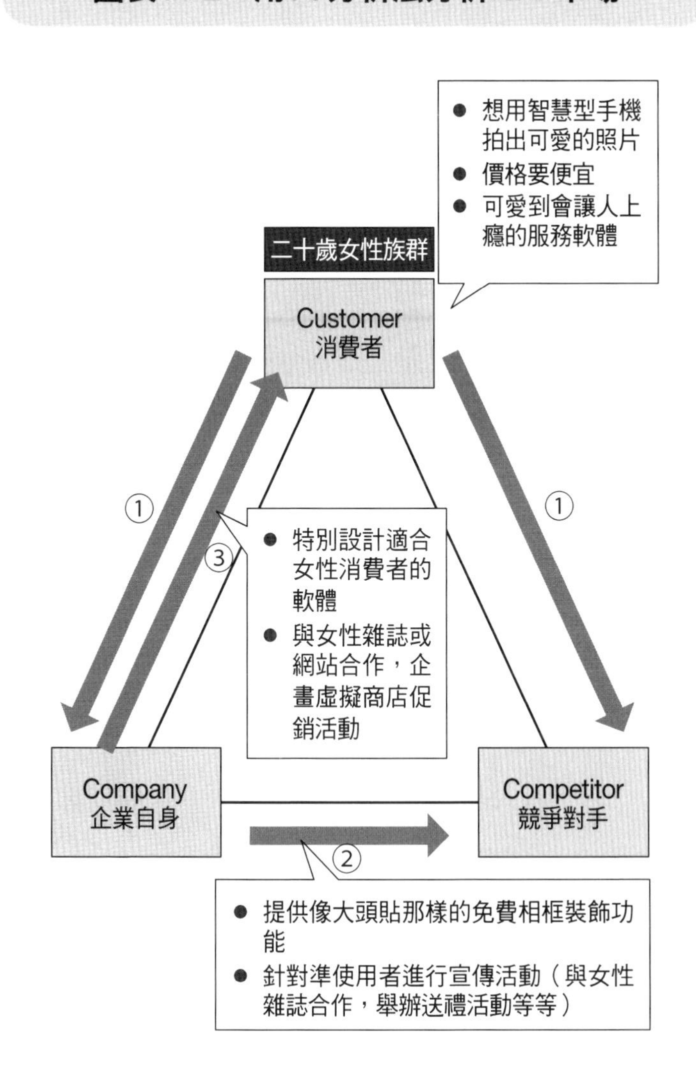

實際情況，在提出前，別忘了先好好思考是否真能辦到。

● 推出免費APP軟體後，有沒有讓使用者人數增加的配套措施？

● 採取計費模式時（例如：軟體內部刊登廣告），能找到廣告主嗎？是否擁有足夠的技術因應？

原來要這麼做啊！我根本沒有想這麼多，只想著要推出軟體，並未預設後續情況。

4P分析法的行銷策略規畫

在擬定具體的商品或行銷策略時，除了之前介紹的分析法，還有另一個可以減少遺漏的規畫工具，那就是「4P分析法」，4P指產品（Product）、價格（Price）、通路（Place）、促銷（Promotion）四個英文字母的字首，是向潛在顧客推銷產品或服務內容的切入點。

①產品（Products）

最原始的問題是，請先思考要向消費者提供什麼樣的產品（或服務）。透過SWOT分析法或3C分析法分析市場或目標消費者的需求，以及競爭對手狀況，再擬定策略。

②價格（Price）

決定產品或服務品項的價格。譬如，希望產品以多少價格出售？是否免費販售？對於目標市場，如此訂價是否恰當？如果打折，多少折扣才適當？

圖表14-3　4P分析法重點整理

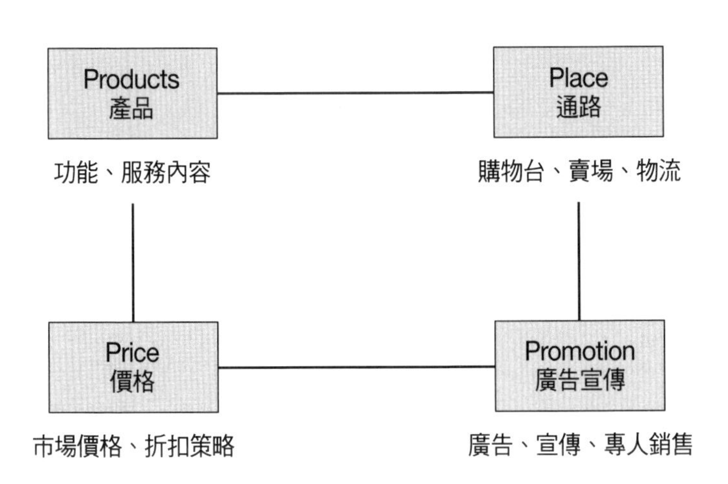

③ 通路（Place）

思考產品要在何處銷售？要選擇實體通路／虛擬通路、國內／國外、市中心／郊區等。還要想想如何才能以最便捷的通路提供消費者產品或服務，連物流網和服務的流程也要事先擬定好。

④ Promotion（廣告宣傳）

為了讓目標消費者認識產品，必須思考如何廣告宣傳。主要宣傳管道當然是電視、報紙、網路，也可以郵寄宣傳單或致電介紹等，方法有許多種。此時，要思考依照目標消費者的特性，怎樣的組合才能發揮最大觸達率，依此擬定並整合宣傳方法。

聽你講解後，想法更具體了。我已經感覺到「抽象的點子」化為「具體的企畫」了。

即使是你剛剛提及的APP軟體，使用4P分析法規畫也能獲得明確的具體策略。

順帶一提，最近有人在原本的4P上，又加入了人才（People）、業務流程（Process）等元素，稱為5P分析法或6P分析法。在促銷產品或服務時，也要先思考該召集何種程度的人才，或是該如何推動業務流程，將這些因素列

圖表14-4　以4P分析法規畫行銷策略

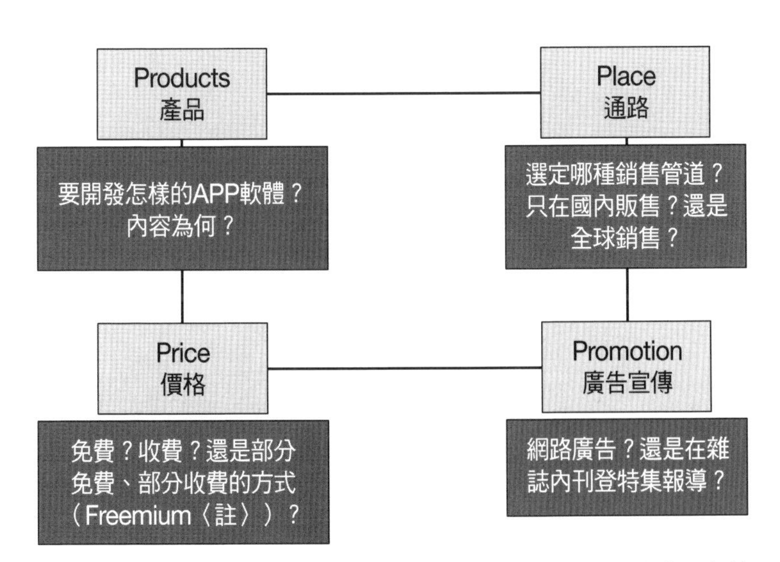

（註）Freemium是「Free」（免費）＋「Premium」（額外費用）的合體字。對多數使用者提供免費服務，另一方面透過提供更強的功能，以收取額外費用賺取利潤的營銷模式。

入考量一併擬定方針。

這些都是基本的思考方法，可是我一忙起來，滿腦子只會想：「總之開發免費軟體，就可以增加登入使用人數或下載流量。」真是沉不住氣，以後我會提醒自己，情況越緊急，更要花時間仔細分析現況！

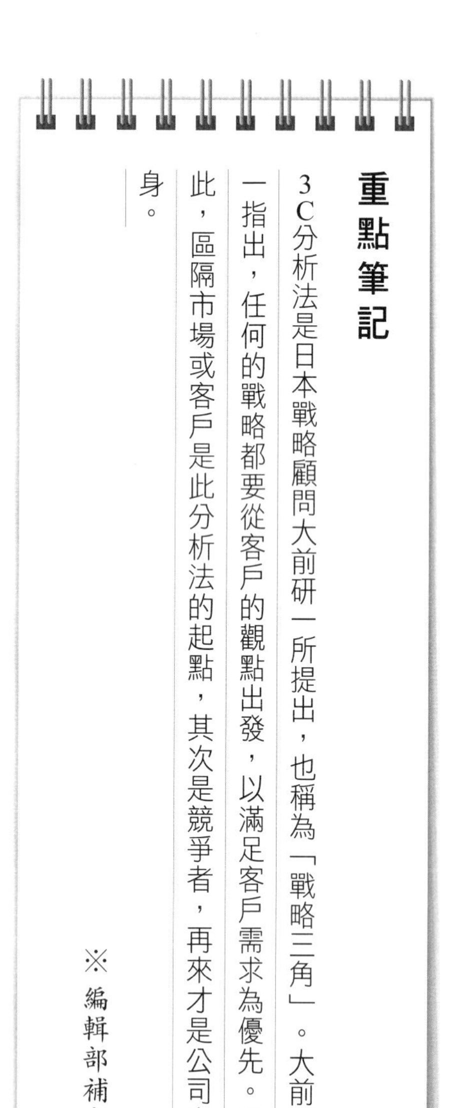

重點筆記

3C分析法是日本戰略顧問大前研一所提出，也稱為「戰略三角」。大前研一指出，任何的戰略都要從客戶的觀點出發，以滿足客戶需求為優先。因此，區隔市場或客戶是此分析法的起點，其次是競爭者，再來才是公司本身。

※編輯部補充

思考時偶爾也要跳脫框架

利用思考術來思考確實非常便捷，但也有缺點，會讓思想不夠自由，很難想出獨創性的點子。所以，我想提醒各位，在思考自己的未來或勾勒新企畫案時，不要被架構所束縛，在此舉兩個例子，希望大家能夠先學會不被束縛的思考方法。

1. 腦力激盪法

這是美國BBDO（Batten, Bcroton, Durstine and Osborn）廣告公司創始人亞歷山大・奧斯本（Alexander Osborn）所提倡的思考方法。這個方法沒有條件與人數的限制，無論提出的意見或見解多麼荒謬可笑，其他人都不得否定或批評，重點就是將所想的全部說出來。

2. 曼陀羅思考法

這是日本今泉浩晃提倡自由思考的方法。（註：曼陀羅一詞起源於佛教，梵語是Mandala，其簡義為聚集諸佛、菩薩、聖者所居處之地。日本學者發現潛藏在曼陀羅圖騰裡的九宮格，將其應用於思考術上。）思考時在九宮格裡寫下能催生點子的主題，然後以放射形狀擴大思考，寫下想到的點子。

HOW?	HOW?	HOW?
HOW?	主題	HOW?
HOW?	HOW?	HOW?

將想到的①~⑧再向外擴大發想，深入探討每個主題，點子數目就會無限增加。

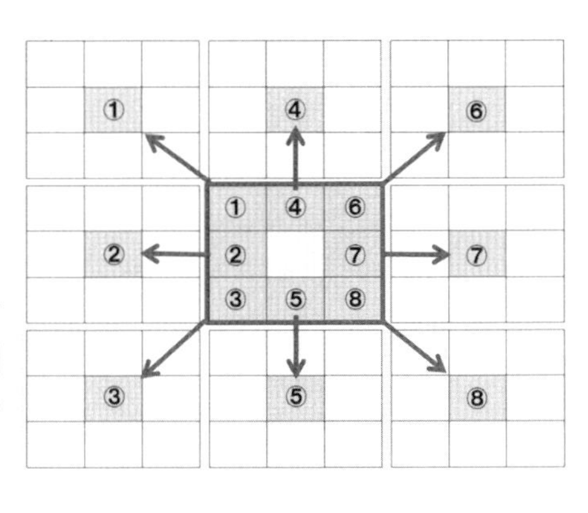

我們分析客人時也有
3個C（can't），就
是你事業運爛、戀愛
運爛、偏財運爛。

NOTE

第6章

現在這份工作
真的是我想要的嗎？

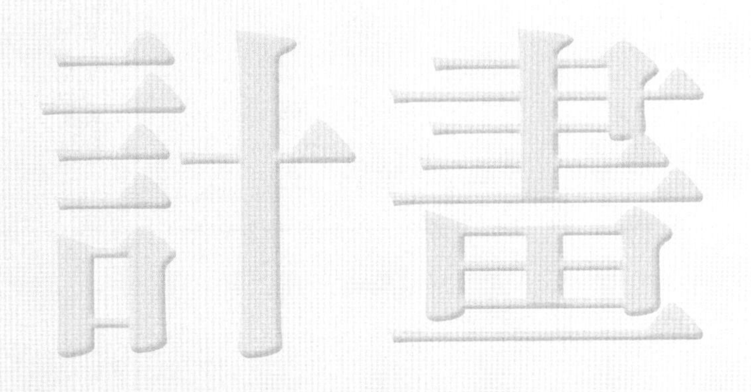

史丹佛大學教授提出計畫偶然論，找出工作的意義

情境15

常疑惑自問「難道要做這個工作一輩子嗎？」

▼製作你的好奇、堅持、樂觀、挑戰、承擔願望表

最近我重新思考了自己的未來，但是實際擬定五年後至十年後的生涯計畫，真不是一件簡單的事。不太能想像很久以後的事，所以完全不曉得人生目標為何。

概略想法也行，總有個想努力的方向吧？

嗯，我大學畢業後就進入現在的ＩＴ產業顧問公司工作，今年已經是第五年，迄今依舊負責軟體開發。我希望能夠擁有更強的技術能力來提升職場地位。

那可以聊聊你的未來規畫嗎？

我想早日成為專案管理師，當個成功的團隊領導人。還有，也想培養能在國外工作的技術能力（不僅是技術，還有英語能力）。

原來如此，你聽過美國史丹佛大學諮商心理學教授約翰・克魯波爾茲，提出的計畫性偶發事件理論（Planned Happenstance）嗎？

我第一次聽到，那是什麼樣的理論呢？

意指個人職場成就常受偶發事件影響，如果以積極態度面對偶發事件，應該就能將偶然轉變為有計畫性、企圖性的升遷機會。

以我為例，我並不會詳細擬定五年後或十年後的計畫，而是只擬定大方向，好好利用碰到的機會，將偶然事件轉換為好運。

想實踐計畫偶然論，需要留意以下五項重點。

①好奇心

「我對……沒興趣。」

圖表15-1　計畫偶然論5重點

重點	說明
① 好奇心	以開放的心對各領域事物抱持興趣
② 持續性	不要馬上放棄，拿出耐力堅持到底
③ 樂觀性	即使遇到不如意的事，也要積極面對
④ 柔軟性	捨棄偏執，任何事都要挑戰看看
⑤ 承擔風險	不畏懼失敗，勇往前進

「我對……完全不瞭解，隨便怎樣都可以。」

千萬不要有上述想法，要對各領域的事物都抱持興趣（開放的心）。擁有好奇心，才能知道一直以來自己都不懂的事情，也才能有新的邂逅。

例如，試著走到平常不會看的書籍類別區，拿起一本書瞧瞧；嘗試出席從未參與過的活動，或許你都能因此有新發現或得到好的機會。

②持續性

在做出「我不適合」的判斷之前，就算只是一件事情也好，務必堅持到底。一旦執行任務，就絕對不要輕言放棄。就算一開始時看不到成果，只要堅持下去，支持你的人、願意幫助你的人就會出現。

這樣的態度不僅適用於職場，私事也是一樣要抱持這樣的態度。

例如，鑽研喜歡的樂器、努力比任何人更瞭解地方文化，或是持續研究喜歡的酒類知識，有機會被大家貼上「○○通」的標籤，說不定能因此誕生新的機會。

③樂觀性

即便遇到不如意的事，也要樂觀接受並積極面對，告訴自己「這就是機會」。

除此之外，還要分析為何不如意的事情會發生，諸如為何想調職卻調不成？為何不能在想待的企業任職？為何那份企畫案無法成功？總之，一定要找出原因。

然後，你就會找到「時機不對」、「技術能力不足」等各種原因。找出原因後，再去思考下次機會到來時如何把握，或是思考該如何提高技術能力。總之，失敗是讓你反省的好機會，也是為下次做好準備的機會。

④柔軟性

堅持自我原則固然重要，但也要培養柔軟靈活的性格，擺脫「固執」的偏見。

你是不是認為一定要一直待在同一家公司？

你是否堅持一定要住在東京？

為了不要讓「偏執狂」上身，要對圍繞在身邊的所有事物抱持懷疑的態度。

因此，每週一次，一次十五分鐘至半小時，安排與自己對話的「獨處時間」，好好思考一下，想想自己的未來、一點一滴重新審視周遭還境，就能找到自我成長的課題，也能發現自己想做的事。

⑤風險承擔

一旦在意失敗，就會什麼事都做不了。

首先，要有承擔風險的勇氣，接受挑戰，就有可能拓展出新環境。

因此，我建議製作「失敗事件表」。其實我很健忘，常忘東忘西（腦筋不好）。如果把失敗的事記在日誌裡，平常就可以審視自己失敗的原因，而且每次翻閱時，就會提高警覺（像釋迦牟尼在說法一樣，承擔風險的目的就是不要重蹈覆轍）。

原來如此。那松島先生會自我告誡的事是什麼呢？

這個嘛……我常會這麼想：「如果有一百個人朝右走，那我想往左走。」

我不做別人正在做的事或能做的事，我想一直做只有我能辦到，而且是有趣的事。最近我突然覺得，像這樣的我可以用「變態」兩字

失敗事件表

- ■ 延遲呈交A公司企畫書給主管確認
- ■ 接到B公司的客訴
- ■ 交給C公司的貨品成本超支
- ■ 交給D公司的貨品數量不足
- ■ 負責製作的會計部申請書有失誤

形容吧？雖然目前還仍處於發展階段，但我想努力將這份「變態」轉換為帶給他人或國家歡樂的契機。

我也想在工作之餘當義工，希望義工經驗能對我的海外就職或國內工作有助益。說不定也能從義工工作中邂逅新的際遇或機緣，當然也可能獲得工作上的機會。

沒錯。雖然「要有自我原則，但不能太偏執」這句話聽起來實在矛盾，但我深深認為堅守這樣的態度很重要。

還有，希望你務必製作「願望表」（Wish List）。無論願望大小，將公事和私事方面想做的事全寫出來，作為一份簡易的願望表。寫出來以後，就會知道自己到底想做什麼，想擁有什麼。

願望表聽起來真不錯！我會找空檔製作願望表！

願望表

- ■ 達成年營業額一三〇%的目標
- ■ 交易的企業數超過〇〇家
- ■ 去印度旅行
- ■ 上電視
- ■ 成功面對面採訪〇〇先生
- ■ 進入研究所就讀
- ■ 獻給〇〇小姐紀念日驚喜
- ■ 購買手錶

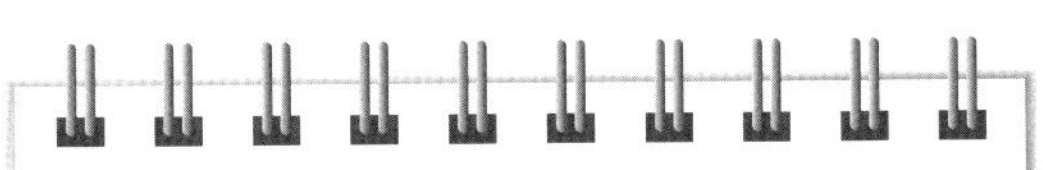

重點筆記

無論機會還是計畫，都是影響生涯的重要因素。但是人無法計畫突發情況，人生可說是充滿一連串的意外，因此把握偶發事件或是學會處理意外，是極為重要的能力。史丹佛大學諮商心理學教授約翰．克魯波爾茲教授指出，若保持好奇心、持續性、樂觀性、柔軟性，並勇於承擔風險，不管是正面或負面情況，都會轉變為意想不到的學習機會。

※編輯部補充

商場如戰場，以前的工作和當海盜有什麼差別？
你該回去了，我們需要你。
Captain Bly

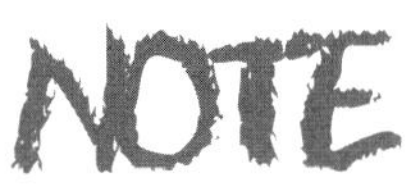

美國心理學家提出職業錨理論，檢查你目前的工作

情境16

被主管唸「你快跟不上時代了！」

▼把觀點分成自己、周遭及他人三種，再問自己想成為什麼人

在思考接下來的工作時，有沒有什麼好的思考方法？我總是只會顧慮眼前的事⋯⋯，最近也被主管唸：「你的眼光怎麼如此狹隘⋯⋯」

那麼，就試著將觀點、視野分為「我」、「（眼睛所能見的）周遭」、「（眼睛看不見的）某人、世界、次族群」等三類，來思考看看。

① For Me　關於「自己本身」

自己想成為什麼樣的人？

自己該如何成長？

如上述，以自己為基礎思考。

② For You　關於「周遭」

在視線可及的範圍，你希望與自己有關的人們（公司、部門、朋友、家人等）維持什麼樣的關係？

與你有關的人們對你有何期待？

從自己與周遭人的關係中，思考雙方應該維持什麼樣的關係比較好。

③ For Them 關於「他人」（某人、這個世界、下一代）

對於自己無法直接看見的世界，希望它是什麼模樣呢？希望某人變成什麼樣子呢？在這個世界裡，你在追求什麼？希望下一代變成什麼樣子？下一代的要求又是什麼？

去思考和自己沒有切身相關的世界，以及你希望它變成什麼模樣。

在公司面談時，我想過自己和部門的事，不過，倒是從未想過公司的事及下一代的事。我現在的工作是醫療器材業務，我認為下一代的醫療系統會更加IT化，在工作方面，除了銷售儀器外，也要著重於活用IT技術的醫療商務服務。將這方面的專業知識傳至國外，也是不錯的點子。

沒錯，雖然你現在從事的是業務工作，但能像這樣預測未來並蒐集情報，思考新的交易方式和市場需求，我覺得很棒。

WANT・MUST・CAN

接著，我想再介紹另一個思考方法。它是美國心理學家艾德佳・薛恩（Edgar Henry Schein）所提的「職業錨理論」（Career Anchor Theory）。思考架構是從「WANT」（想做的事）、「MUST」（必做的事）、「CAN」（能做的事）三領域中，考慮自己今後的規畫。

如果能將三個領域重疊在一起思考，當然是最棒的狀況，但是實際運作時，總覺得「必做的事」很多。現在的你是什麼樣的情形呢？

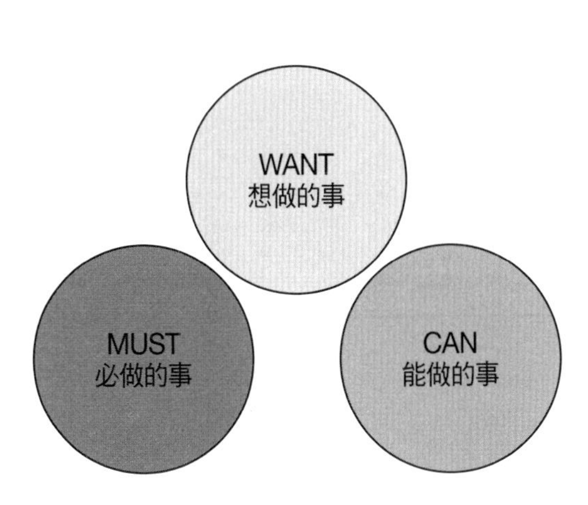

我每天都被該做的事綁住了……

當然也有「能做的事」，但因為該做的事情太多，沒有時間去想自己的其他事情。

如果總是無法想起「自己想做的事」，不妨嘗試將剛剛提及的「For Me」、「For You」、「For Them」三項思考重點和職業錨理論組合起來使用，現在就來實做看看。

我懂了。依照我的情況來看，得到了以下的結論。

將「For Them」領域得出的「WANT」事項，在「For You」或「For Me」領域中重新思考一遍。

譬如「將公司專業知識傳播至國外」這件事，想要達到目的，需要將部門的專業知識翻譯成英文，或者你自己也去學英文，才能用英文與人溝通。另外，為了成

圖表16-1　從「他人」反推自己與周遭的需求

	Must	Can	Want
For Me	■ 關心老顧客 ■ 開拓新客源 ■ 蒐集最新醫療器材資訊給顧客	■ 關心老顧客 ■ 開拓新客源 ■ 提供顧客最新醫療器材資訊	?
For You	■ 追蹤後輩的業務狀況 ■ 達成部門目標 ■ 預防醫療器材問題發生	■ 與後輩分享專有知識，並給予建議 ■ 協助主管的業務	?
For Them	■ 不讓公司營收產生赤字 ■ 累積醫療器材的使用數據資料／專業知識的傳承	■ 不讓公司營收產生赤字 ■ 累積醫療器材的使用數據資料／專業知識的傳承	■ 將公司的專業知識傳播至國外 ■ 計畫新的醫療商務方案

功企畫出新的醫療商務方案，你可能需要要求主管將你調到營運企畫部門，累積企畫經驗，才可能達成目標。

所以，不只要從「For Them」觀點思考，還要從「For You」的「CAN」領域延伸思考。現在公司並沒有所謂的業務手冊，無法學習前輩們的專業經驗。就算我離開了現在的職位，也希望業務能順利進行，因此，我還想製作業務手冊，希望幫助所有的人，讓每一位員工都能立案成功。

加入現在的想法，就能找到自己想做的事和進行的方向。接著，就在你的行程規畫裡，加入完成那些事情的專屬時間，朝著實踐之路邁進吧！

我一直以為自己沒有什麼想做的事，但是將自己和「WANT・MUST・CAN」組合思考，製作出矩陣圖後，浮現許多想法。我會盡快付諸實行！

圖表16-2　找到「想做的事」與外界的連結

	Must	Can	Want
For Me	■ 關心老顧客 ■ 開拓新客源 ■ 蒐集最新醫療器材資訊給顧客	■ 關心老顧客 ■ 開拓新客源 ■ 蒐集最新醫療器材資訊給顧客	■ 學習外國語言 ■ 要求主管將自己調職至營運企畫部門 ■ 取得專業資格認證
For You	■ 追蹤後輩的業務狀況 ■ 達成部門目標 ■ 預防醫療器材問題發生	■ 與後輩分享專有知識，並給予建議 ■ 協助主管的業務	■ 製作業務手冊及翻譯成英語版 ■ 規畫公司內部新事業制度
For Them	■ 不讓公司營收產生赤字 ■ 累積醫療器材的使用數據資料／專業知識的傳承	■ 不讓公司營收產生赤字 ■ 累積醫療器材的使用數據資料／專業知識的傳承	■ 將公司的專業知識傳播至國外 ■ 計畫新的醫療商務方案

思考術
職業錨理論是麻省理工學院斯隆商學院的職業指導專家艾德佳・薛恩教授所領導的專門研究小組，追蹤該學院四十四名MBA畢業生長達十二年的結論。從想做、必做、能做的三件事中，整合出自己的工作傾向，來考量在現實面上的職業定位，找到長期穩定的職業貢獻區。
※編輯部補充

斬斷負面想法的ABCDE五步驟

「為什麼這麼不順利？」

「跟身邊的人相比，我一點成就也沒有……」

「業績一直沒有成長，為什麼我這麼沒用……」

我想，有上述煩惱的人應該不少。在此介紹陷入負面情緒時轉換心情的思考模式。它是美國臨床心理醫師阿爾伯特・埃利斯（Albert Ellis）所提出的「ABC理論」，A為發生的事（Activating Event）、B為信念（Belief）、C為結果（Consequence）。

這個理論認為煩惱源自於想法，只要重新看待這個想法，並將其重新定義，煩惱就會煙消雲散。譬如：

Ⓐ 主管説：「你已經進公司三年了，我還是無法提拔你為這次企畫案的負責人。」→ Ⓑ 我沒有才能（信念）

Ⓒ 跟同期的同事討論後，得出現在的工作可能不適合我。

歷經上述三個過程後，再加上Ⓓ 反論（Despite）、Ⓔ 有效的信念（Effective New Belief）兩個步驟，進行信念轉換。

Ⓑ 我沒有才能 ← Ⓓ 獲得主管提拔的機會不只有一次吧？

質疑「原本的信念」，產生Ⓔ 為了抓住下一次的機會，我現在要好好磨練技術才行。反向思考得到的結論：

Ⓐ 主管説：「你已經進公司三年了，我還是無法提拔你為這次企畫案的負責人。」

→ Ⓔ 為了抓住下一次的機會，我現在要好好磨練技術才行。

Ⓒ 向主管申請參加公司外部研修課程。

最終正面思考，並且積極行動。

不要有「反正我就是無能……」，讓情緒陷入低潮的負面思想。如果你想轉換心情，這個ABCDE五步驟非常有效。

離職後我應該能成為
地表最強潛水員。

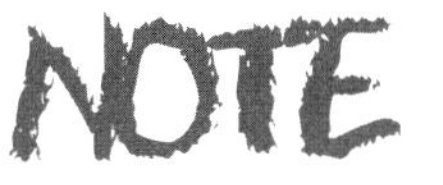
NOTE

國家圖書館出版品預行編目（CIP）資料

麥肯錫、史丹佛都在用的思考筆記：活用16圖表，工作效率提升3倍！
松島準矢著；黃瓊仙譯 -- 三版. -- 新北市：大樂文化有限公司, 2022.02
面； 公分. --（優渥叢書 Business；079）
譯自：ヌケ・モレなし! 仕事の成果が3倍上がる はじめてのフレームワーク1年生
ISBN 978-986-5564-62-9（平裝）
1. 職場成功法 2. 思考
494.35 110017637

Business 079

麥肯錫、史丹佛都在用的思考筆記（復刻版）

活用16圖表，工作效率提升3倍！

（原書名：麥肯錫、史丹佛都在用的思考筆記）

作　　者／松島準矢
監 修 人／吉山勇樹
譯　　者／黃瓊仙
封面設計／蕭壽佳
內頁排版／思　思
責任編輯／劉芝羽
主　　編／皮海屏
發行專員／鄭羽希
財務經理／陳碧蘭
發行經理／高世權、呂和儒
總編輯、總經理／蔡連壽

出 版 者／大樂文化有限公司（優渥誌）
地址：新北市板橋區文化路一段 268 號 18 樓之 1
電話：（02）2258-3656
傳真：（02）2258-3660
詢問購書相關資訊請洽：（02）2258-3656
郵政劃撥帳號／50211045　戶名／大樂文化有限公司

香港發行／豐達出版發行有限公司
地址：香港柴灣永泰道 70 號柴灣工業城 2 期 1805 室
電話：852-2172 6513　傳真：852-2172 4355

法律顧問／第一國際法律事務所余淑杏律師
印　　刷／韋懋實業有限公司

出版日期／2015 年 8 月 31 日 初版
2022 年 2 月 15 日 復刻版
定　　價／260元　　（缺頁或損毀的書，請寄回更換）
I S B N　978-986-5564-62-9